SCHMALSPUR-DAMPFLOKOMOTIVEN

SCHMALSPUR-DAMPFLOKOMOTIVEN

Die letzten Schmalspurbahnen

Herausgegeben von
Georg Wagner

Mit Textbeiträgen von
Thomas Tschirner
und Magnus Bauch

tosa

Mit 175 Farbfotos im Text von Gerhard Bank (4), Joachim Bügel (3), Jürgen Court (1), Georg Dollwet (1), Jürgen Ebel (4), Tino Eisenkolb (1), Thomas Finck (1), Johannes Glöckner (1), Rainer Heinrich (2), Rolf Houben (2), Michael Hubrich (13), Volker Jacobi (5), Jörg Lempe (12), Wolfgang Matussek (3), Thomas Menzel (1), Marcus Niedt (1), Karl-Ernst Rentzsch (2), Karsten Risch (2), Jürgen Schieferdecker (1), Werner Schimmeyer (3), Wolfgang Schimmeyer (1), Joachim Schmidt (18), Hans-Ulrich Schoemacker (2), Bernd Seiler (5), André Sinn (4), Dieter Spillner (1), Herbert Thieme (5), Georg Wagner (70), Jürgen Walter (1), Manfred Weisbrod (2), Oliver Wunder (1) und Burkhard Wollny (2).
Die Texte wurden von Thomas Tschirner (Strecken und Lokomotiven) und Magnus Bauch (RAW Görlitz), die Bildlegenden von Georg Wagner erstellt. Lektorat und Herstellung von Siegfried Fischer, Stuttgart.

Vorsätze: Mit dem P 14465 aus Gernrode ist am 2. Oktober 1990 die 99 7237-3 kurz vor Hasselfelde unterwegs. Foto: Michael Hubrich
Seite 1: Das Personal der 99 2321-0 in Bad Doberan. Foto am 29. September 1990: Michael Hubrich
Seite 2: Mit dem P 14403 von Wernigerode nach Nordhausen überwinden am 25. Oktober 1990 die 99 7232-4 und 7245-6 die Steigung hinter Sorge. Foto: Michael Hubrich

Copyright © 1991, Frankh-Kosmos Verlags GmbH, Stuttgart
Titel der Originalausgabe „Dampflokomotiven im Planbetrieb"
Alle Rechte vorbehalten
Copyright © dieser Ausgabe 2003 by
Tosa Verlag, Wien
Covergestaltung: Joseph Koó, Bild von
Joachim Schmidt
Printed in Slovenia

Besuchen Sie uns auf unserer Homepage unter
www.tosa-verlag.com

Inhalt

Die Strecke Putbus – Göhren 6
Die Strecke Bad Doberan – Kühlungsborn West 16
Die Harzquerbahn 26
Die Selketalbahn 52
Die Strecke Oschatz – Mügeln – Kemmlitz 74
Die Strecke Cranzahl – Oberwiesenthal 86
Die Strecke Wolkenstein – Jöhstadt 98
Die Strecke Freital-Hainsberg – Kipsdorf 108
Die Strecke Radebeul – Radeburg 120
Die Strecke Zittau – Bertsdorf – Oybin/Jonsdorf 128
Das RAW Görlitz 144
Anhang: Die Schmalspur-Dampflokomotiven der DR am 1. Januar 1991 158

Die Textbeiträge zu den einzelnen Lokbaureihen sind den jeweils typischen Einsatzstrecken zugeordnet. Sie finden sich in folgenden Kapiteln:

Die Baureihe 99.22 in: Die Harzquerbahn 26
Die Baureihe 99.23 – 24 in: Die Harzquerbahn 26
Die Baureihe 99.32 in: Die Strecke Bad Doberan – Kühlungsborn West 16
Die Baureihe 99.33 in: Die Strecke Bad Doberan – Kühlungsborn West 16
Die Baureihe 99.51 – 60 in: Die Strecke Oschatz – Mügeln – Kemmlitz 74
Die Baureihe 99.64 – 71 in: Die Strecke Radebeul – Radeburg 120
Die Baureihe 99.73 – 76 in: Die Strecke Zittau – Oybin/Jonsdorf 128
Die Baureihe 99.77 – 79 in: Die Strecke Cranzahl – Oberwiesenthal 86
Die Lok 99 4532 in: Die Strecke Zittau – Oybin/Jonsdorf 128
Die Baureihe 99.463 in: Die Strecke Putbus – Göhren 6
Die Baureihe 99.480 in: Die Strecke Putbus – Göhren 6
Die Baureihe 99.590 in: Die Selketalbahn 52
Die Lok 99 6001 in: Die Selketalbahn 52
Die Baureihe 99.610 in: Die Harzquerbahn 26

Die Strecke Putbus – Göhren

Seit 1891 war auch die Insel Rügen mit der Eröffnung der Strecke Stralsund – Altefähr – Saßnitz an das regelspurige Eisenbahnnetz angeschlossen. Eine weitere, flächendeckendere Anschließung war gefordert. Hierfür kam natürlich nur eine Schmalspurbahn in Betracht, da einerseits keine großen Frachtvorkommen zu erwarten, andererseits kein Geld vorhanden war. So erteilte der Regierungspräsident von Stralsund am 17. Juni 1895 der Aktiengesellschaft Rügensche Kleinbahn mit Sitz in Bergen die Konzession zum Betrieb einer Schmalspurbahn in 750 mm Spurweite. Das Aktienkapital wurde zu 60% von der Firma Lenz, Stettin aufgebracht, weitere Anteile zeichneten die Gemeinden und Grundbesitzer, die ihre Bereitschaft, Geld zum Bahnbau aufzubringen, davon abhängig machten, daß die zukünftige Bahn auch ihre Markungen und Ländereien berührte. Im Gegenzug verpflichteten sie sich, Grund und Boden für die Trassierung kostenlos zur Verfügung zu stellen. Dadurch entstand eine kurvige, jedoch nicht durch das Gelände bedingte Streckenführung. Bau und Betrieb der Kleinbahnstrecken oblag der Firma Lenz.

In den folgenden Jahren baute man zwei voneinander getrennte Netze: Die 10,9 km von Putbus nach Binz wurden am 22. Juli 1895 eröffnet, die 13,5 km lange Fortsetzung nach Göhren war am 13. Oktober 1899 befahrbar. Der 1896 eröffnete Abschnitt von Altefähr nach Putbus sowie das andere Netz um Bergen und Altenkirchen sind zwischen 1967 und 1970 stillgelegt und abgebaut worden, so daß diese Anlagen hier nicht weiter beschrieben werden sollen.

Entsprechend ihrer Aufgabe als ausführende Firma beim Bau der Strecke zeichnete auch bei der Lokbestellung die Firma Lenz verantwortlich. Da sie im norddeutschen Raum die Betriebsführung mehrerer privater Schmalspurbahnen übernommen hatte, achtete sie unbedingt auf die Austauschbarkeit des rollenden Materials. So wurden für den Betrieb auf Rügen bei der Lokfabrik Vulcan in Stettin zwei Maschinen der Lenz-Type „M" bestellt, die 1913/14 unter den Fabriknummern 2896 (spätere 99 4631) und 2951 (spätere 99 4632) ausgeliefert wurden. Es waren recht leichte Naßdampfmaschinen mit nur 6 t Achslast. Der Raddurchmesser der vierfach gekuppelten Lokomotiven betrug 850 mm, die Höchstgeschwindigkeit 30 km/h. Die Kuppelachsen waren nach dem System Gölsdorf seitenverschiebbar. Typisch für Privat- und Werkbahnloks war der im Rahmenbereich angebrachte Wasserkasten, dessen „Stummel" samt Einlauf von außen zu sehen sind. Dank der hierdurch hervorgerufenen tiefen Schwerpunktlage hatten die Loks hervorragende Laufeigenschaften.

Im Jahre 1925 folgte – ebenfalls von Vulcan – eine dritte Maschine, diesmal jedoch von der modernisierten Gattung M^h. Diese Heißdampflok besaß wegen der Überhitzerelemente eine längere Rauchkammer. Es zeigte sich im Betrieb eine deutliche Überlegenheit der Heißdampfversion, nicht allein was die Leistung betraf, sondern auch bezüglich des Brennstoffverbrauchs. So erfolgte 1927 der Umbau der beiden zuvor gelieferten Loks auf Heißdampf, wobei auch andere Baugruppen angeglichen wurden. So kamen neue Zylinder zum Anbau, diesmal aber mit Kolbenschiebern statt der vorher vorhandenen Flachschieber. Die Joy-Steuerung wurde durch die gängige Heusingersteuerung ersetzt. Seit dieser Zeit haben die drei Loks keine wesentlichen Umbauten mehr über sich ergehen lassen müssen. Das Betriebsergebnis war anfangs derartig gut, daß die „Rügensche Bäder Verwaltung" 1910 einen Umbau der Strecke auf Normalspur forderte. Die-

Linke Seite: Die 99 4632-8 wird am 24. Februar 1990 im Betriebswerk Putbus restauriert. Foto: Jürgen Ebel
Rechts: Mit dem P 14120 wartet die 99 4802-7 am 24. Februar 1990 im Bahnhof Binz Ost auf den Abfahrbefehl. Foto: Jürgen Ebel

ser Wunsch stieß aber beim jetzt betriebsführenden Provinzialverband Pommern in Stettin auf taube Ohren. Bis 1914 konnte ein Überschuß erwirtschaftet werden, danach war nicht mehr als eine ausgeglichene Bilanz zu erreichen. In der Zeit während und nach der Inflation schlitterte die RüKB (Rügensche Kleinbahn) immer scharf am Ruin vorbei, ein Zustand, der sich erst gegen Ende der dreißiger Jahre besserte. Von 1945 – 49 unterstand sie nach der erfolgten Verstaatlichung dem Landesbahnamt Demmin, ab 1950 dann der Deutschen Reichsbahn.

Neben den ursprünglich hier beheimateten Lokomotiven kamen in der Folgezeit zahlreiche Einzelstücke und Splittergattungen nach Rügen. Mit der Umrüstung von Gewichts- auf Druckluftbremse erschienen 1965 auch die Lokomotiven der Baureihe 99.480 hier. Beide Fahrzeuge stammen aus dem

Während die 99 4632-8 am 24. Februar 1990 im Betriebswerk Putbus bekohlt wird, erleben zwei Besucher die auch zu Beginn des Jahres 1990 noch besorgte Anteilnahme der Transportpolizei, die sich – offensichtlich in Ermangelung wichtigerer Aufgaben – in den Jahren des SED-Regimes stets intensiv um die vermeintliche Störung des Bahnbetriebs durch die Freunde der Eisenbahn gekümmert hat. Foto: Jürgen Ebel

Einige hundert Meter westlich des gleichnamigen Haltepunkts, fernab jeder bedeutenderen Ansiedlung mitten in der weiten Landschaft gelegen, befindet sich der „Betriebsbahnhof" Posewald, der planmäßig zweimal täglich für Zugkreuzungen genutzt wird: Auf dem zweiten Gleis wartet am Mittag des 24. Februar 1990 die 99 4802-7 vor dem P 14120 nach Putbus auf die Durchfahrt der 99 4632-8 mit ihrem P 14109 nach Göhren. Foto: Jürgen Ebel

Raum Magdeburg, genauer gesagt von der Kleinbahn des Kreises Jerichow I. Diese Bahn war, wie der Name schon vermuten läßt, im Besitz der örtlichen Kommunen. Lange schon hatten diese seinerzeit geplant, ihre Kleinbahn auf Normalspur umzubauen, jedoch fehlte es an Geld. Notgedrungen modernisierte man dann in den dreißiger Jahren den vorhandenen Fahrzeugpark, wobei auch zwei neue Lokomotiven bestellt wurden. 1938 lieferte Henschel unter den Fabriknummern 24367 und 24368 die als Lok 20 und 21 in Dienst gestellten Maschinen. Sie entsprachen allen technischen Anforderungen ihrer Zeit. Bei 850 mm Raddurchmesser betrug die Höchstgeschwindigkeit 45 km/h. Sie besaßen Druckluftbremse, waren — natürlich — Heißdampfloks, kurz, das Beste was der deutsche Lokomotivbau damals zu bieten hatte. Originell war sicherlich der angehängte Hilfstender: Da die Füh-

rerhausrückwand ursprünglich geöffnet werden konnte, war es so möglich, zusätzlich Kohlen mitzuführen.

Nach dem Kriege kam es bei Lok 21 zu einem merkwürdigen Umbau. In einer Werkstatt der LOWA, einer Art Dachverband der Fahrzeugindustrie, erfolgte der Ausbau der Laufachse, aus der 1'D-Lokomotive war somit ein D-Kuppler geworden. Hierzu war eine Verkürzung des Rahmens notwendig, Kessel und Aufbauten wurden entsprechend zurückversetzt, die Höchstgeschwindigkeit wegen des unruhigeren Laufes auf 40 km/h reduziert. Interessanterweise galt diese Höchstgeschwindigkeit danach für beide Loks und wurde auch später nicht mehr heraufgesetzt. Wahrscheinlich ist die umgebaute Lok dann bei einer Werksbahn eingesetzt worden, nachweisen läßt sich diese Vermutung jedoch nicht.

Bei Übernahme der Kleinbahnen des Kreises Jerichow durch die DR im Jahre 1949 waren jedenfalls beide Loks dort eingesetzt und — auch das erscheint merkwürdig — als 99 4801 und 4802 eingereiht, obwohl es von der Achsfolge her ja zwei völlig verschiedene Typen waren. Die 99 4801 bekam im Jahr 1960 neue Aufbauten mit höherem, abgeschrägtem Führerhaus, sowie größeren Vorratsbehältern, erhielt also ihr heutiges Aussehen. Erst 1964 wurde auch die 99 4802 wieder in ihren Ursprungszustand zurückgebaut bzw. der 4801 angeglichen. Da die Jerichower Schmalspurbahnen stillgelegt wurden, andererseits noch viele brauchbare Fahrzeuge vorhanden waren, erfolgte 1965 die Umsetzung nach Rügen.

Doch auch dort war zu Beginn der siebziger Jahre nur noch der Abschnitt von Putbus nach Göhren übrig geblieben. Schon vor 1976 sollte auch dieses

Linke Seite: Da Anfang Oktober 1990 auch die letzte Vulcan-Lok 99 4632-8 schadhaft abgestellt werden mußte, herrschte bis zum 28. Oktober 1990 akuter Lokmangel, da nur die 99 1782-4 und die 99 4801-9 einsatzfähig waren. Erst danach erfolgte eine Entspannung der Lage, da in den Wintermonaten nur eine Lok benötigt wurde. Im seidigen Nachmittagslicht des 13. Oktober 1990 fährt die 99 1782-4 mit dem P 14122 in den Haltepunkt Posewald ein. Foto: Jörg Lempe

Rechts: Vollkommen problemlos bewältigt die 99 4801-9 mit dem P 14120 nach Putbus am 14. Oktober 1990 die Steigung bei Nistelitz kurz vor dem Kreuzungsbahnhof Seelvitz. Foto: Jörg Lempe

Streckenstück stillgelegt werden, jedoch verhinderte die vorhandene Straßenstruktur diesen Schritt bis heute. Statt dessen erfolgte 1976 durch den Rat des Bezirkes Rostock auf der Grundlage des Denkmalpflegegesetzes vom 19. Juni 1975 der Beschluß zur Aufnahme der Strecke in die Bezirksdenkmalliste. Ab 1983 wurden hier zur Entlastung auch zwei Neubauloks der Reihe 99.77-79 eingesetzt, die heute zusammen mit den 99 4801 und 4802 die Hauptlast des Verkehrs tragen. Die beiden noch vorhandenen Originalloks 99 4632 und 4633 sind derzeit von der Ausbesserung zurückgestellt. Es ist für 1992 geplant, für sie neue Kessel und Zylinder anzufertigen. Ob es angesichts der wirtschaftlichen Veränderungen noch zu diesem Schritt kommt, bleibt abzuwarten, zumal durch die zunehmende Motorisierung der Erholungssuchenden kaum noch mit einer Steigerung der Fahrgastzahlen zu rechnen ist. Es sei denn, man bindet die Bahn in ein touristisches Gesamtkonzept ein, das die Strecke und ihre Dampflokomotiven als unverzichtbare Attraktion erhält.

Oben: Vor der Empfangshalle des Bahnhofs Binz Ost steht der P 14120 mit seiner 99 4801-9 am Mittag des 15. August 1987 zur Abfahrt bereit. Foto: Burkhard Wollny
Rechts oben: Am 15. September 1990 wartet die 99 4632-8 mit dem Traditionszug im Bahnhof Sellin die Überholung durch die 99 1784-0 mit dem P 14124 ab. Foto: André Sinn
Rechts unten: Eine Überholung anderer Art findet am 14. Oktober 1990 beim Haltepunkt Philippshagen statt, als ein Motorradfahrer mühelos an der 99 4801-9 mit ihrem P 14120 vorbeizieht. Foto: Jörg Lempe

Linke Seite: Den Ort Sellin verlassend, strebt die 99 4801-9 am Mittag des 14. Oktober 1990 mit dem P 14120 nach Putbus ihrem nächsten Halt in Garftitz entgegen. Foto: Jörg Lempe

Oben: Eine für die Insel Rügen bislang noch typische Kopfsteinpflaster-Allee nahe dem Haltepunkt Jagdschloß überquert am 15. September 1990 die 99 1784-0 mit dem späten P 14124. Diese Alleen, in denen man am hellichten Tag wie in einem Tunnel fährt, sind mindestens ebenso erhaltenswert wie die Schmalspurbahn. Sind es doch Relikte aus einer Epoche, in der das schnelle Fortkommen noch nicht die oberste Priorität besaß. Man hatte einfach Zeit. Auf Rügen kann man das noch erfahren. Im wahrsten Sinne des Wortes. Foto: André Sinn

Die Strecke Bad Doberan – Kühlungsborn West

Zwischen Doberan, der Sommerresidenz der Großherzöge von Mecklenburg, und Heiligendamm, dem 1793 gegründeten ersten deutschen Seebad, entwickelte sich nach Fertigstellung der normalspurigen Linie Rostock – Wismar im Jahre 1883 ein reger Personenverkehr. Mit der industriellen Revolution in Deutschland war die Zahl der Leute, die sich eine Erholungsreise leisten konnten, stark angewachsen, wobei natürlich der fürstliche Hof eine magische Anziehungskraft ausübte. Der Betrieb einer Eisenbahn schien also ein lohnendes Objekt zu sein.

So konstituierte sich die Doberan-Heiligendammer-Eisenbahngesellschaft, die dann dem Eisenbahn Bau- und Betriebsunternehmen Lenz aus Stettin den Auftrag zum Bau erteilte. Im Mai 1886 war Baubeginn, die Konzession wurde aber erst einen Monat später erteilt, und bereits am 9. Juli desselben Jahres erfolgte die Betriebseröffnung der 6,6 km langen Strecke. Der Bau wurde in 900-mm-Spur ausgeführt, einer gängigen Spurweite für Industrie- und Werkbahnen, und trug Merkmale einer Straßenbahn. Über 430 m hinweg war die Linie inmitten der öffentlichen Straße verlegt und durchfuhr das Ortszentrum von Doberan. Zum Einsatz gelangten von Hohenzollern gelieferte Kastenloks mit Triebwerksverkleidung. Die Betriebsführung der nur im Saisonverkehr von Mai bis September verkehrenden Bahn verpachtete Lenz sofort weiter an die Wismar-Rostocker-Eisenbahn-AG und schon 1890 ging die Bahn in Staatsbesitz über. Unter der Betriebsführung der Mecklenburgischen Friedrich-Franz-Eisenbahn entstanden auch die für eine Schmalspurbahn so repräsentativen Bahnhofsbauten. Neben dieser nur der Personenbeförderung dienenden Bahn entstand 1892/93 die ausschließlich im Güterverkehr genutzte und 14,4 km lange Linie Neubukow – Bastorf ebenfalls in 900 mm Spurweite, die schon 1949 stillgelegt wurde.

Beflügelt durch die jetzt stetig anreisenden Urlauber begannen auch die Bewohner der angrenzenden Gemeinden mit der Zimmervermietung. So war es nur logisch, daß bald eine Streckenverlängerung gefordert wurde. Am 2. Mai 1910 wurde der Betrieb auf der 8,8 km langen Verlängerung nach Arendsee aufgenommen. Damit verbunden war ein jetzt ganzjähriger Betrieb sowie die Einführung der Güterabfertigung, die unter anderem durch die von den damaligen Fahrgästen oftmals benutzten Schrankkoffer unumgänglich geworden war. Auch der Lebensmitteltransport per Bahn war notwendig geworden, denn zu diesem Zeitpunkt hatten die angrenzenden Gemeinden bereits mehr Urlauber als Einwohner zu verzeichnen. Mit der Einbringung der ehemaligen Länderbahnen in die DRG erhielt auch diese Bahn 1920 einen neuen Dienstherren.

Für die Schmalspurbahn von Bad Doberan benötigte die Deutsche Reichsbahn in den dreißiger Jahren neue Maschinen. Der Bäderverkehr nahm in der Saison stark zu; auch das „gemeine Volk" wollte sich das Badevergnügen nicht mehr entgehen lassen. Ein mehrgleisiger Streckenausbau war, bedingt durch die Ortsdurchfahrt von Bad Doberan, nicht möglich, also mußten die Züge entsprechend beschleunigt werden, um das Fahrgastaufkommen – dessen weitere Steigerung abzusehen war – zu bewältigen, zumal die ansonsten außerhalb von bebautem Gebiet trassierte Strecke für eine größere Zuggeschwindigkeit in Frage kam. Die bereits existierenden Einheitsloks der Baureihe 99.73 – 76 hätten sicherlich auch in einer Version mit 900 mm Spurweite gebaut werden können, aber angesichts der Höchstgeschwindigkeit von nur 30 km/h wäre mit diesen Maschinen nur die Anhängelast, nicht aber die Geschwindigkeit erhöht worden. Folgerichtig erhielt die Lokomotivfabrik Orenstein & Koppel, immerhin spezialisiert auf Maschinen für Feld- und Werkbahnen, den Auftrag, gemäß der Normenvorgabe für Einheitsloks eine Lokomotive mit größerer Höchstgeschwindigkeit zu entwickeln. Unter den Fabriknummern 12400 – 12402 kamen im Jahre 1932 mit den 99 321 – 323 wirklich außergewöhnliche Schmalspurfahrzeuge zur Auslieferung. Die 1'D1'h2t-Loks hatten Treibräder von 1100 mm Durchmesser, die Höchstgeschwindigkeit wurde auf 50 km/h festgelegt – obwohl bis heute nur 40 km/h erlaubt sind! Der genietete Blechrahmen beherbergte die vier fest gelagerten Kuppelachsen, wobei die Treibachse eine Spurkranzschwächung von 15 mm aufwies, sowie die beiden als Bisselgestelle ausgebildeten Laufachsen mit 20 mm Seitenspiel. Ungewöhnlich für eine Einheitslok waren allerdings der große Turbogenerator – immerhin mußte die Lok hier auch die Stromversorgung des Zuges mit übernehmen – sowie die bei der DR absolut ungebräuchliche Knorr-Zweikammer-Druckluftbremse. Der Kessel hatte nur 4 Heiz-, aber 69 Rauchrohre, die einen entsprechend geringen Durchmesser aufwiesen. Da in diese auch noch Überhitzerbündelelemente eingeführt wurden, kam es oft zu Verstopfungen. Der Kamin war ursprünglich durch eine Klappe abschließbar. Sinn dieser Konstruktion war es, eine Rauchbelästigung der Anwohner und Passanten zu verhindern. Nicht überliefert ist der Grund für die baldige Entfernung der Klappe, es darf jedoch gemutmaßt werden, daß selbige entweder beim Öffnen des Reglers durch den Dampfdruck davonflog oder aber für Erstickungsanfälle der Lokpersonale verantwortlich zeichnete. Eine Belästigung ganz anderer Art rief die Ausrüstung mit zwei Läutewerken hervor. Nach Protesten aus der Bevölkerung verzichtete man auf das hintere, neben dem Kohlenkasten angebrachte „Glockenspiel". Äußerlich auffällig ist auch das nach oben stark eingeknickte Führerhaus, ein notwendiges Zugeständnis an die stark eingeschränkte Profilfreiheit der Strecke.

Bis zum heutigen Tage versehen diese Maschinen zuverlässig den Dienst, ohne daß besondere Vorkommnisse oder Umbauten zu vermelden wären.

Linke Seite: Am „Haus Gottesfrieden" vorbei über den Karl-Marx-Platz in Bad Doberan: Der alltägliche Weg der Dampfstraßenbahn, die fast im Stundentakt verkehrt. Am 29. Juni 1990 ist die 99 2321-0 vor dem P 14137 eingesetzt. Foto: Georg Wagner

Lediglich die Gußzylinder sind durch solche in geschweißter Ausführung ersetzt worden, wobei natürlich auch Trofimoff-Schieber zum Einbau kamen. Einen kurzen Ausflug hat die 99 321 gemacht: Wegen ihrer Industriebahnspurweite mußte sie zwischen 1950 und 1954 im Braunkohletagebergbau aushelfen. Der genaue Einsatzort liegt leider nicht vor.

Neben ihrer für öffentliche Bahnen ungewöhnlichen Spurweite haben aber auch die Fahrzeuge noch einige Besonderheiten aufzuweisen. Neben der bereits erwähnten Stromversorgung der Waggons durch die Zuglok sind besonders die asymmetrisch angebrachten Heiz- und Bremsleitungen zu erwähnen. Die Wagen können also keinesfalls gewendet werden und müssen vor allem richtig stehend aus dem RAW eintreffen.

Wie auch andere Schmalspurbahnen im Lande besaß die Bad Doberaner 900-mm-Strecke noch einige ältere Lokomotiven, die schlechthin verschlissen waren. Die Neuanfertigung von Ersatzteilen oder die Rekonstruktion wäre wirtschaftlich unvertretbar gewesen. So sah sich die Reichsbahn der DDR nach geeignetem Ersatz um, der – vermutlich nach jahrelanger Planung – in den durch die Umspurung ihrer Strecken überflüssig gewordenen Werkloks der „Wismut" gefunden wurde. Bei der irreführenderweise „Wismut" genannten Firma han-

Linke Seite: Die 99 2323-6 heizt am Abend des 28. Januar 1987 im Bahnhof Kühlungsborn West die Wagen des P 14157 nach Bad Doberan vor. Foto: Volker Jacobi
Oben: Kurz zuvor nimmt sie Wasser an dem mit einem glühenden Kokskorb vor dem Einfrieren geschützten Wasserkran in Kühlungsborn West. Foto: Volker Jacobi
Rechts: Mit dem P 14146 müht sich am 2. Februar 1987 die 99 2323-6 über die Steigung hinter dem Bahnhof Heiligendamm. Foto: Volker Jacobi

delt es sich um die gegen Ende der vierziger Jahre gegründete „Sowjetisch-Deutsche-Aktiengesellschaft", kurz SDAG genannt. Aufgabe dieser Gesellschaft war – bis zur erst kürzlich erfolgten Auflösung – die Förderung von uranhaltigem Gestein auf dem Gebiet der DDR. Zur Beförderung des tauben Gesteins auf riesige Abraumhalden bzw. der Abfuhr des Uranerzes existierte ein recht umfangreiches Werkbahnnetz in eben 900 mm Spurweite. Von der Bahn im Raum Ronneburg, dem vermutlich größten dieser Netze, gelangten die D n2t-Lok „1", von den Bahnen der Schachtanlage DSF Schlema die gleichartigen Loks „22" und „44" zur Deutschen Reichsbahn.

Gebaut waren diese Maschinen beim Lokomotivbau „Karl Marx" Babelsberg, und zwar die „Wismut 1" (spätere 99 333) unter der Fabriknummer 16501 im Jahre 1950, die „Wismut 22" (99 331, F.-Nr. 30011) 1951 sowie die „Wismut 44" (99 332, F.-Nr. 30013) ebenfalls 1951. Zunächst erfolgte allerdings eine Zuführung der Maschinen zum RAW Görlitz, wo zahlreiche Umbauten vorgenommen wurden.

Oben: Die Schmalspurbahn im Geschwindigkeitsrausch: Die 99 2321-0 verläßt am Morgen des 30. September 1990 mit dem P 14135 den Bahnhof Kühlungsborn West. Foto: Michael Hubrich

Rechte Seite: Nicht nur zur Hochsaison im Sommer verkehren bisher die Züge auf der Strecke zu den Ostseebädern Heiligendamm und Kühlungsborn. Ob sich das unter privater Trägerschaft halten läßt? Mit einer herrlichen Dampffahne verläßt die 99 2323-6 am Mittag des 28. Januar 1987 mit dem P 14145 den Bahnhof Kühlungsborn West. Foto: Volker Jacobi

So mußten für den Einsatz an der Ostsee die Führerhäuser entsprechend abgeändert werden. Auch Druckluftbremse, Läutewerk und Lichtmaschine mußten angebracht werden. Besondere Erwähnung verdient jedoch der Umbau der 99 331 und 332 in Heißdampfloks. Da die 99 333 direkt als Reservelok eingestuft wurde, unterblieb dieser Umbau bei ihr. Die zulässige Höchstgeschwindigkeit dieser drei Lokomotiven betrug bei 800 mm Raddurchmesser 35 km/h.

Alle drei Maschinen erschienen dann 1961 in ihrer neuen Heimat, woraufhin sofort die Ausmusterung der 1923 bei Henschel gebauten Loks der Baureihe 99.31 erfolgte. Da normalerweise nur eine dieser Wismutloks benötigt wurde – und das auch nur in der Sommersaison – erkor man die 99 332 zur Schneepfluglok, wobei dieser direkt an der Pufferbohle angeschweißt wurde. Ein Zugeinsatz kam also nicht mehr in Frage. Schon 1969 erfolgte die Ausmusterung der Naßdampflok 99 333. Heute steht daher nur noch die 99 331 (99 2331-9) als Reservelok für die drei großen 99.32 (99 2321-0, 2322-8 und 2323-6) zur Verfügung. Bei einem planmäßigen Bedarf von zwei Lokomotiven kommt sie entsprechend selten zum Einsatz.

Bis zur Währungsunion war der Fortbestand dieser Strecke in keiner Weise gefährdet: Im Schnitt 1,3 Millionen Fahrgäste jährlich konnten nur per Bahn befördert werden. Auch die vor kurzem erfolgte Oberbauerneuerung in den Straßen von Bad Doberan begünstigt den Weiterbetrieb. Die Zukunft der Bahn wird aber nicht nur von den zahlenden Urlaubsgästen abhängen, sondern auch davon, inwieweit die Regionalpolitiker und Fremdenverkehrsvereine ihre Dampfstraßenbahn als erhaltenswertes Objekt und Werbeträger erkennen werden.

Links: Die 99 2321-0 passiert am 29. Juni 1990 mit dem P 14141 das südöstliche Einfahrsignal des Bahnhofs Heiligendamm, dessen Standort auf der linken Gleisseite korrekt mit der Schachbretttafel gekennzeichnet ist. Foto: Georg Wagner

Rechte Seite: In der Steigung hinter Heiligendamm legt der Heizer der 99 2321-0 am 29. Juni 1990 einige Schaufeln Kohle nach, damit der P 14145 die anschließende Ortsdurchfahrt in Bad Doberan möglichst qualmfrei passiert. Foto: Georg Wagner

Linke Seite: Mitten durch das geschäftige Treiben von Bad Doberan rollt am 28. Juni 1990 die 99 2331-9 mit dem P 14139. Angesichts der bevorstehenden Währungsunion haben einige Geschäfte schon umdekoriert, so daß deren Auslagen die Blicke stärker anziehen als der alltägliche Dampfzug. Die einmalige Besonderheit dieses Kulturdenkmals wird erst dann bewußt werden, wenn der Zug eines Tages nicht mehr fährt. Foto: Georg Wagner

Oben: Die 99 2331-9 hat am Nachmittag des 29. Juni 1990 die Einkaufsstraße gerade verlassen und beschleunigt ihren P 14151 nun zur Überquerung des blinklichtgesicherten Karl-Marx-Platzes. Foto: Georg Wagner

Die Harzquerbahn

In der Mitte des vorigen Jahrhunderts entstanden rund um den Harz Eisenbahnlinien, ein Bahnbau durch das Gebirge hindurch erschien jedoch technisch kaum durchführbar oder zu kostspielig. Dennoch forderten gerade die zahlreichen Hüttenwerke bessere Abfuhrmöglichkeiten für ihre Produkte. So entstand 1873 die normalspurige Halberstadt-Blankenburger-Eisenbahn, die ihre Strecke bis 1886 nach Tanne erweiterte. Auch im anhaltischen Teil des Harzes wurde bald gebaut, die Gernrode-Harzgeroder-Eisenbahn (GHE) nahm ein Jahr später den Betrieb ihrer 1000-mm-Strecke auf. Traditionelle Handelsbeziehungen und Absatzmärkte ließen jedoch den Ruf nach einer Nord-Süd-Verbindung immer lauter werden. So datieren die ersten Bemühungen zur Realisierung dieses Projektes auf das Jahr 1866, aber erst 1896 erhielt ein Nordhausener Bürgerkomitee die Baukonzession für preußisches Gebiet auf der Grundlage der Vorschriften für die Bauordnung von Nebenbahnen. Diese Formulierung ist deshalb so wesentlich, weil es sich bei der Harzquerbahn damit um eine in 1000 mm Spurweite errichtete Neben- und nicht etwa um eine Kleinbahn handelte! Noch im gleichen Jahr wurde die Nordhausen-Wernigeroder-Eisenbahn-Gesellschaft gegründet, die mit der Durchführung des Baues wiederum die Berliner Eisenbahnbau- und Betriebsgesellschaft beauftragte, welche auch sofort einen bis zum 31. März 1909 befristeten Pachtvertrag erhielt.

Sowohl von Nordhausen als auch von Wernigerode aus begann der Bau. Am 12. Juli 1897 konnte von Nordhausen nach Ilfeld, am 1. Mai 1898 bis Netzkater gefahren werden. Nach anfänglichen juristischen Schwierigkeiten konnte am 16. Juni 1898 der Abschnitt Wernigerode – Schierke eröffnet werden. Es folgten am 15. September 1898 die Strecke Netzkater – Benneckenstein sowie die Brockenbahn. Gerade die Streckenführung zum Brocken brachte so manche Probleme mit sich. Der ausgesprochene Gebirgscharakter der Trassenführung – der Bahnhof Brocken liegt 230 Meter höher als der Scheitelpunkt der Strecke über den Semmering,

Linke Seite: Auf ihrer Fahrt vor dem P 14403 nach Nordhausen läßt die 99 7238-1 am 17. Februar 1990 soeben den Ort Sorge hinter sich. Foto: Michael Hubrich
Oben: Wandrelief im Bahnhof Wernigerode am Zugang zu den Bahnsteigen der Schmalspurbahn. Foto am 3. Januar 1991: Georg Wagner

die Höhenangaben der Stationen auf der insgesamt 74,2 km langen NWE schwanken zwischen 183 und 1125 m über NN – bedingte den Einsatz von ausländischen Spezialisten und Arbeitskräften. Gerade die angeheuerten Italiener und Kroaten waren für die Tunnelbohrung und die Trassenverlegung im Granitgestein zuständig, die Oberbauarbeiten erledigte ein Berliner Eisenbahnregiment. Nicht unerheblich waren auch die Arbeiten zum Ausheben und Auffüllen der Moore. Da die Strecke nicht über Täler oder Nachbarberge herangeführt werden konnte, entstand eine Spirale um den Brocken herum. Die Steigung betrug durchschnittlich 30 ‰ bei 50 m Bogenhalbmesser. Die Brockenlinie wurde jährlich von Mai bis Mitte Oktober bedient. Auftakt bildeten dabei die Sonderzüge zur Walpurgisnacht am 30. April.

Am 15. Juli 1905 begann der Verbundbetrieb zwischen der NWE und der GHE. Die GHE baute die Verbindungsstrecke zwischen Stiege und der Station Eisfelder Talmühle, die fortan als Gemeinschaftsbahnhof betrieben wurde. Die NWE beteiligte sich erheblich an den Kosten. Seither gab es durchlaufende Züge und auch die Waggons wurden gemischt. Erst 1913 entstand in Sorge der Anschluß an die braunschweigische Südharzeisenbahn, die bereits seit 1899 diesen Punkt anlief. Das jetzt endlich gebaute Anschlußgleis hatte eine Länge von lediglich 140 Metern.

Wegen des ausgesprochen dichten Verkehrs erhielten zwischen 1910 und 1912 alle Stationen Formsignale. Auch zahlreiche Gebäude wurden erneuert oder umgebaut. Der Krieg brachte starke Einschränkungen mit sich, nach dessen Ende mußte der Personenverkehr zeitweise aus Kohlemangel eingestellt werden. Es ist zweifelsfrei der starken Werbung – gerade auch im Ausland – zu verdanken, daß der Verkehr in den Folgejahren wieder sprunghaft anstieg. Dabei wurden von Ausländern übrigens deutlich höhere Gebühren verlangt – ein Einnahmesystem, das die DDR später auf anderem Gebiet noch perfektionieren sollte. In den Jahren 1925/26 konnte in Wernigerode eine neue Werkstatt errichtet werden, ihre umfangreiche Ausstattung und Arbeit entsprach mehr einem RAW. Der Güterverkehr entwickelte sich dank der Einführung des Rollbockbetriebes bis 1940 prächtig. Nach dem Krieg kam es, bedingt durch einige in den letzten Kriegstagen sinnlos gesprengte Brücken, zu einer Betriebspause von knapp vier Monaten.

Als 1946 die GHE abgebaut wurde, erhielt die NWE die Betriebsführung auf der Linie Eisfelder Talmühle – Hasselfelde. Auch das Reststück Sorge – Tanne der SHB wurde ihr zugeschlagen, die Stillegung dieses Teils erfolgte 1958. Am 15. August

1948 wurde die NWE enteignet und der Landesbahnen Sachsen GmbH unterstellt. Die Übernahme durch die DR erfolgte am 01. April 1949. Schon wenige Tage später fuhren wieder Züge auf den Brocken. Im Herbst 1961 wurde dieser Verkehr infolge der Grenzziehung aufgegeben, es fuhren bis in die siebziger Jahre hinein nur noch Bau- und Versorgungszüge zu der neu errichteten Horchstation. Im noch betriebenen Netz folgten Rückbaumaßnahmen und Betriebsvereinfachungen, so z. B. der Einbau von Rückfallweichen und die Einführung des Zugleitbetriebes über Funk.

Die heute bei der Harzquerbahn anzutreffenden Neubaudampflokomotiven haben in der noch vorhandenen 99 222 einen gemeinsamen Urahnen: Im Jahre 1929 nahm die Planung Gestalt an, für alle 1000-mm-Strecken der Deutschen Reichsbahn eine Einheitslok zu entwickeln. Schwartzkopff baute 1930 drei dieser Maschinen unter den Fabriknummern 9920 — 9922, ein Weiterbau unterblieb jedoch. Die 99 221 — 223 wurden zwischen Eisfeld und Schönbrunn eingesetzt, nachdem die 99 222 auf der Strecke Hildburghausen — Heldfeld einer eingehenden Erprobung unterzogen worden war. Bei diesen knapp 600 PS starken und fünffach gekuppelten Maschinen war es erstmals möglich, den Kessel einer anderen Einheitslok — der Baureihe 81 — zu verwenden. Der Aschkasten mußte allerdings um die 4. Kuppelachse herumgebaut werden. Zur Serienausrüstung gehörte neben dem Oberflächenvorwärmer (1973 gegen Mischvorwärmer getauscht) auch eine Knorr-Einkammer-Druckluftbremse. Besonders aufwendig mußte das Fahrgestell ausgeführt werden, sollten doch Bogenhalbmesser von 60 m durchfahren werden. Die Lenkgestelle waren als Bisselachsen ausgeführt, die Laufachsen oberhalb, die Kuppelachsen unterhalb der Achslager abgefedert. Die Federn der vorderen Laufachse waren mit der 1. und 2. Kuppelachse, bzw. die der 3., 4. und 5. Kuppelachse mit der hinteren Laufachse durch Ausgleichshebel verbunden. Die 1000 mm großen Treibräder erlaubten eine Höchstgeschwindigkeit von 40 km/h. Nach dem Abtransport der 99 221 und 223 zur norwegischen Li-

Oben: Im Schmalspurbereich des Bw Nordhausen ist im März 1985 die 99 6102-0 zu sehen. Foto: Herbert Thieme
Links: Die 99 7222-5 wartet im April 1980 vor dem zwischenzeitlich abgerissenen Schuppen des Bw Wernigerode auf neue Einsätze. Foto: Manfred Weisbrod

nie Thamshaven – Lökken im Jahre 1944 blieb die 99 222 zurück.

Die Idee einer Einheitslok wurde nach dem Krieg für die Deutsche Reichsbahn der DDR wieder akut, galt es doch, einerseits den Fahrzeugpark zu bereinigen, andererseits eine deutliche Leistungssteigerung zu bewerkstelligen. So lieferte der Lokomotivbau „Karl Marx" Babelsberg 1954 und 1956 die 99 231–237 und 238–247 mit den Fabriknummern 134008–134024. Die Maschinen entstanden in Anlehnung an die leistungsstarke 99 222, berücksichtigten jedoch die Entwicklung im Lokomotivbau seit den dreißiger Jahren. So wurde ein Blech- statt des Barrenrahmens verwendet, der Kessel völlig geschweißt und eine für die Braunkohlefeuerung notwendige größere Feuerbüchse eingebaut. Alle Loks erhielten ab Werk einen Mischvorwärmer der ersten DR-Bauserie (erkennbar an der eckigen Blechverkleidung), den diese Maschinen auch als einzige Lokgattung bis heute behalten haben. Die Zylinder hatten zunächst Druckausgleichkolbenschieber der Bauart Müller, die jedoch später gegen den Trofimoff-Schieber getauscht wurden. Die Bremsausrüstung bestand aus einer Knorr-Druckluftbremse und einem Hardy-Luftsauger. Deutliche Unterschiede gab es jedoch bei der Ausführung des Triebwerkes. Die 99 231 und 235–237 besaßen nur Krauss-Helmholtz-Gestelle und standen damit für den Einsatz im Harz nicht zur Verfügung; sie gingen direkt nach Eisfeld. Alle anderen Loks wurden dem Bw Wernigerode zugeteilt. Sie stellten eine durchaus „gewagte" Konstruktion dar, besaßen sie doch nur zwei fest gelagerte und zugleich führende Achsen, um trotz ihrer Größe Kurven von 50 m Halbmesser durchfahren zu können. Die Vorlaufachse (Seitenbeweglichkeit 157 mm), 1. Kuppelachse (15 mm), 2. Kuppelachse (23 mm) und die feststehende 3. Kuppelachse waren durch Ausgleichshebel verbunden, die 1. und 2. Kuppelachse zusätzlich mit Beugniot-Hebeln. Ähnlich der hintere Teil des Fahrgestells: 4. Kuppelachse (fest gelagert), 5. Kuppelachse (15 mm) und Nachlaufachse (171 mm) waren verbunden.

Edouard Beugniot, Konstrukteur bei der Köchlinschen Lokomotivfabrik in Mühlhausen, entwarf 1859 für die französische PLM eine Stütztenderlok mit Außenrahmen und Innentriebwerk. Um die Achsen dennoch kurvengängig zu bekommen, lagerte er sie nicht im Rahmen, sondern an zwei parallel verlaufenden Hebeln. Bei Normalspurloks wurde diese Konstruktion durch den Bau der In-

Am 3. Januar 1991 ist die 99 6101-2 in Wernigerode-Westerntor abgestellt. Zur gesicherten Entscheidung, ob ihr Kessel nochmals aufgearbeitet werden kann, hat man ihm ein ca. 20 × 40 cm großes Stück entnommen, das in der Zentralstelle für Umweltschutz und Materialprüfung der DR in Brandenburg-Kirchmöser eingehend untersucht wird. Bei einem positiven Bescheid wird das Loch bei der dann folgenden Hauptuntersuchung mit einem eingeschweißten Flicken wieder verschlossen. Diese bei allen älteren Kesseln vorgeschriebene Prozedur hat bisher meist positive Ergebnisse gebracht, lediglich die Zittauer 99 4532-0 ist seitdem abgestellt. Foto: Georg Wagner

nenrahmen bald überflüssig. Erst beim Bau der Einheitsloks der Reihe 84 kam dieses Prinzip in abgewandelter Form wieder zum Tragen. Da alle 84er in der DDR verblieben, waren durchaus Erfahrungen mit diesem System vorhanden. Bei den Schmalspurloks kam hinzu, daß durch die zwei untereinander fest verbundenen Kuppelachsen gleichzeitig eine stabile Kurveneinstellung erreicht werden konnte.

Es sollte sich anläßlich der Probefahrten jedoch herausstellen, daß diese Konstruktion immer noch nicht ausreichend war. In den Kurven an der Steinernen Renne entgleiste die Lok regelmäßig. Man sah sich nun gezwungen, vom Treibrad auch noch den Spurkranz wegzunehmen, wodurch nur noch eine einzige „feste" Achse übrigblieb. Doch auch diesmal kam es zur Entgleisung, wenn auch jetzt durch das Abrutschen des Treibrades vom Schienenkopf. Erst die Verbreiterung des Radreifens auf 150 mm brachte den gewünschten Erfolg. Alle anderen Radreifen behielten ihre Breite von 125 mm. Für eine Leistungsmeßfahrt der VES-M Halle erhielt die 99 232 eine Riggenbach-Gegendruckbremse. Es wurde eine Leistung von ebenfalls knapp 600 PS ermittelt, die Neubauloks erwiesen sich also den Einheitsbauarten als ebenbürtig. Die 99 222 wurde dann als erste von Eisfeld umgesetzt. Auch bei ihr mußte der Radreifen der Treibachse angepaßt werden. Mit Schließung der letzten thüringischen Schmalspurbahn gingen auch die 99 231 und 235 — 237 zunächst zum RAW Görlitz, wo die Fahrwerke umgebaut wurden, dann 1974 zur Harzquerbahn. Da die 99.2 Probleme mit den knapp bemessenen Kohlevorräten hatten, entschloß man sich zum Umbau auf Ölhauptfeuerung. Die 99 244 erhielt als erste 1976 einen 2,7 m³ fassenden Ölbehälter. Bis 1980 waren dann alle Loks umgebaut, um infolge der Ölverteuerung unverzüglich wieder rückgebaut zu werden. Nach der Wende entstand der Gedanke, den Lokomotiven wieder eine Ölfeuerung zu konstruieren, diesmal jedoch auf leichtem Heizöl basierend. Ob dies noch zur Ausführung gelangt, bleibt abzuwarten.

Aber auch noch andere Maschinen sind in den vergangenen Jahren bei der Harzquerbahn zum Einsatz gekommen. Von Henschel & Sohn in Kassel stammen zwei im Jahre 1914 erbaute Heeresfeldbahnloks (F.-Nr. 12879/12880). Zu Beginn des Ersten Weltkrieges sollten einige neue Loktypen für militärische Zwecke getestet werden, was in der Praxis so aussah, daß ein württembergisches Ei-

Linke Seite: Zu den Tätigkeiten des Lokpersonals gehört die Nachschau unter der Lok. Am 3. Januar 1991 wird die 99 7241-5 untersucht. Deutlich ist die spurkranzlose Treibachse zu erkennen. Foto: Georg Wagner

Oben: Letzte Vorbereitungen für die Fahrt der 99 7241-5 mit dem P 14403 nach Nordhausen: Der Heizer sorgt am 3. Januar 1991 mit gekonntem Schwung für die gezielte Verteilung der Kohle. Foto: Georg Wagner

Links: Die Bedienung der im Ortsbereich von Wernigerode liegenden Werksanschlüsse im Rollbockverkehr war lange Jahre hindurch Aufgabe der 99 6101-2, die hier am 20. Februar 1990 mit ihrer Fuhre die von Posten gesicherte Hauptstraße vor der Papierfabrik überquert. Foto: Joachim Bügel

Rechte Seite: Kurz nach ihrer Ausfahrt aus dem Bahnhof Wernigerode-Westerntor stoppt die 99 7237-3 mit dem P 14445 am 1. Februar 1991 für kurze Zeit den stets regen Straßenverkehr auf der zentralen Kreuzung am Westerntor. Foto: Georg Wagner

senbahnregiment im Harz, nahe der Station Drei Annen Hohne, zu Übungszwecken eine Versuchsstrecke aufbaute. Zum Einsatz kamen hier die oben erwähnten C-Kuppler, die sich im wesentlichen dadurch unterschieden, daß die erste eine Heißdampf-, die zweite dagegen eine Naßdampflok war. Beide Maschinen waren für damalige Verhältnisse recht schwer, der Achsdruck betrug immerhin 11 t. Die Höchstgeschwindigkeit wurde auf 30 km/h festgesetzt, der Raddurchmesser betrug 800 mm. Beide besaßen die für die Heeresfeldbahn obligatorische Dampfbremse. Die Naßdampfmaschine war mit einem wesentlich größeren Rost ausgerüstet und hatte 18 Rauch- und 173 Heizrohre, die Heißdampfvariante dagegen nur 88 Heizrohre.

Nach Abschluß der Testfahrten erhielt die NWE die Heißdampflok und reihte sie 1915 als Nr. 6 in ihren Fahrzeugpark ein. Die Naßdampfvariante erwarb die Nassauische Kleinbahn, die sie jedoch 1920 an die NWE abgab, wo sie die Nr. 7 erhielt. Gemäß den Erfordernissen ihres neuen Eigentümers erfolgte der Einbau einer Druckluftbremse mit Zusatzbremse und des Hardy-Luftsaugers. Nach der Verstaatlichung erhielten sie die Reichsbahnnummern 99 6101 (Heißdampf) und 99 6102 (Naßdampf). Normalerweise waren beide Loks nur im Rangierdienst und an der Aufbockanlage anzutreffen, was ihnen auch den Namen „Rollbockloks" eintrug. Im Streckendienst zeigte sich nämlich der „zerstörerische" Charakter der Maschinen: Der hohe Achsdruck und die ausgeprägte Pendelneigung ruinierten auf Dauer den Oberbau. Dennoch zwang der häufig auftretende Lokmangel zum Einsatz der „Kleinen". Beide Loks sind derzeit abgestellt. Bei 99 6101 ist eine Komplettaufarbeitung inclusive Kesseluntersuchung fällig, die für 1992 geplant ist. Die 99 6102 dagegen soll nicht wieder aufgearbeitet werden.

Der häufig große Schadbestand an Einheitsloks sowie die vor der Wende noch ansteigenden Zuglasten im Güterverkehr zwangen in jüngster Vergangenheit zur Anschaffung weiterer Triebfahrzeuge. So entstanden zehn seit Jahren immer wieder „angedrohte" Schmalspurdiesellok. Auf zwei dreiachsige, neu konstruierte Drehgestelle wurden Normalspurloks der Reihe 110 gesetzt, die neue Baureihe als 199.8 bezeichnet.

Als Folge der Wende „bemüht" sich nun ein privatgesellschaftliches Konsortium um die beiden Schmalspurbahnen im Harz, das offensichtlich nur den lukrativen Betrieb zum Brocken mittels moderner Triebwagen aufnehmen, den Rest aber stillegen will. Von Dampflokomotiven ist keine Rede mehr. Dagegen kämpft zur Zeit die „Interessengemeinschaft Harzer Schmalspur- und Brockenbahn e.V." (Kontaktadresse: Dirk-Uwe Günther, Veckenstedter Weg 35, O – 3700 Wernigerode).

Oben: Auch im Jahr 1991 gelingen im Ostdeutschlands solche Begegnungen ohne Verabredung: Das Abladen des frischen Wachstumsförderers auf das eigene Stückchen Land nahe dem Bahnhof Hasserode wird am 1. Februar 1991 nur kurz unterbrochen, um die Vorbeifahrt der 99 7237-3 mit dem P 14445 zu beobachten. Für den Zug beginnt wenig später die fast durchgängige 30-‰-Rampe nach Drei Annen Hohne. Foto: Georg Wagner

Rechte Seite: Mit scharfer Fahrweise versucht der Lokführer der 99 7237-3 am 2. Februar 1991 zwischen Hasserode und dem Bahnhof Steinerne Renne, die Verspätung des P 14433 wieder aufzuholen. Foto: Georg Wagner

Linke Seite: Bis zum Eintreffen der ersten Rollwagen im Jahr 1964 wurde der gesamte Güterverkehr oberhalb der Talabschnitte Wernigerode — Hasserode bzw. Nordhausen — Ilfeld, wo Normalspurgüterwagen auf Rollböcken verladen wurden, mit Schmalspurgüterwagen abgewickelt, was in Nordhausen bzw. Wernigerode ein zeitaufwendiges Umladen erforderlich machte. Bis zum Fahrplanwechsel im Mai 1990 — die Währungsunion warf ihre Schatten voraus — verkehrten dann die schweren Rollwagenzüge über die Bergstrecke bis Benneckenstein. Am 5. Mai 1989 führt die 99 7243-1 den morgendlichen Güterzug N 67071 durch das Thumkuhlental hinter dem Bahnhof Steinerne Renne. Foto: Jörg Lempe

Rechts: Der einzige Tunnel an den Schmalspurstrecken im Osten Deutschlands liegt zwischen Steinerne Renne und Drei Annen Hohne am Thumkuhlenkopf. Am 25. August 1984 verläßt die 99 7237-3 mit dem P 14407 nach Nordhausen die 60 m lange Röhre. Foto: Jürgen Schieferdecker

Oben: Anstelle der dampfloktypischen schwarz-roten Farbgebung erhielt die 99 5901-6 eine grüne Neulackierung als Lok 11 der NWE. In dieser zirkuspferdartig bunten Verkleidung ist sie am 16. Mai 1986 vor dem Traditionszug auf der Saisoneröffnungsfahrt des FDGB kurz vor Drei Annen Hohne zu sehen. Foto: Joachim Schmidt

Rechte Seite: Seit dem Herbst 1990 gilt die 99 247 als neue Traditionslok der Harzquerbahn. Glücklicherweise besteht bei ihr keine historisch begründbare Gefahr einer abweichenden Lackierung. Als sie am 2. Februar 1991 vor dem P 14405 hinter Elend durch den Wald dröhnt, haben die Eisenbahner allerdings schwerwiegendere Sorgen: An diesem Wochenende wurden die Privatisierungspläne ihrer Bahn bekannt, die 500 der 600 Mitarbeiter „freisetzen" wollen. Spontan beschrifteten sie die Wagen mit den Parolen: „Giesecke und Schreck nehmen uns die Arbeit weg" oder „Aus ist's mit der Bimmelbahn, wenn Giesecke und Schreck hier fahr'n." Foto: Georg Wagner

Linke Seite: Der letzte Güterzug, der Benneckenstein von Norden erreichte, war der N 67071 am 26. Mai 1990, dessen Zuglok 99 7242-3 sich bei der Durchfahrt in Sorge trotz der geringen Last sichtbar mühte. Foto: Georg Wagner

Rechts: Im Wald hinter Benneckenstein steigt die Strecke noch ein gutes Stück an, bevor sie dann steil in Richtung Eisfelder Talmühle abfällt. In diesem Steigungsabschnitt ist am 6. Mai 1990 die bestens gepflegte 99 7232-4 mit dem P 14407 unterwegs. Foto: Werner Schimmeyer

Am frühen Morgen des 18. April 1987 nähert sich die 99 7246-4 mit dem P 14461 aus Gernrode dem Bahnhof Eisfelder Talmühle. Auch wenn der Dampfbetrieb im Harz überleben sollte, die fotografisch interessantesten Züge in den Tagesrandlagen werden kaum zu halten sein. Welcher Tourist möchte schon um 6.16 Uhr in Gernrode den Zug besteigen? Foto: Gerhard Bank

Während die 99 5906-5 im Bahnhof Eisfelder Talmühle rangiert, warten Personal und Fahrgäste des P 14404 nach Wernigerode auf die Weiterfahrt, die maßgeblich von der Fließgeschwindigkeit des soeben in die Wasserkästen der 99 7235-7 strömenden unentbehrlichen Betriebsstoffes abhängt. So lassen sich die Fahrzeiten der Dampfzüge nicht wesentlich stärker verkürzen, doch welcher Tourist möchte denn wirklich in rasender Fahrt auf den Brocken „geschossen" werden? Ist eine Fahrzeit von 45 Minuten für die Strecke von Wernigerode zum Brocken tatsächlich ein erstrebenswertes Ziel? Foto: Rolf Houben

Linke Seite oben: Im letzten Sonnenlicht des 23. Februars 1987 rollt der P 14408 mit seiner rückwärts fahrenden 99 7236-5 durch das bei Ilfeld noch recht weite Tal. Foto: Gerhard Bank

Linke Seite unten: Wenige Kilometer nordwärts wird das Tal enger und die Steigung der Strecke stärker. Zwischen Ilfeld und Netzkater ist am 18. April 1987 die 99 7242-3 mit dem P 14412 zu sehen. Foto: Gerhard Bank

Rechts: Eine bekannte Fotostelle, aber eine sehr ungewöhnliche Bespannung: Am 28. April 1984 leistet die 99 6102-0 dem P 14414 nach Hasselfelde Vorspann von Nordhausen bis Eisfelder Talmühle. Das Foto entstand auf dem Viadukt nördlich von Ilfeld, der in den Jahren 1948/49 als Ersatz für die im Januar 1948 von der durch plötzliche Schneeschmelze überschäumenden Behre weggerissene Vorgängerbrücke errichtet wurde. Foto: Joachim Schmidt

Oben: Bei den von den Einsatzstellen Nordhausen und Hasselfelde bespannten Leistungen konnte man damit rechnen, die Lokomotiven mit der Rauchkammer nordwärts zu erleben. So auch am 17. September 1983, als die 99 7247-2 den Bahnhof Nordhausen Nord mit dem P 14442 verläßt. Heute werden besonders diese Leistungen häufig von den Diesellokomotiven der Reihe 199.8 erbracht. Foto: Joachim Schmidt

Rechte Seite: Am 20. Januar 1983 erleuchtet eine Fehlzündung des Ölbrenners der damals noch mit einer Ölfeuerung ausgerüsteten 99 0236-2 das Gelände des Bw Nordhausen. Foto: Herbert Thieme

Nach der Wiedereröffnung des Abschnitts Straßberg – Stiege der Selketalbahn am 30. November 1983 verkehrten verstärkt Rollwagen-Güterzüge von Nordhausen über Eisfelder Talmühle zum Kohle-Kraftwerk nach Silberhütte. Am Nachmittag des 29. Februar 1988 kämpft sich die 99 7233-2 mit ihrer Fuhre östlich von Eisfelder Talmühle bergwärts in Richtung Stiege. Foto: André Sinn

Planmäßig mit zwei Lokomotiven bespannt war der morgendliche Güterzug N 67092, der hier am 18. April 1987 mit den 99 7238-1 und 99 7231-6 den Scheitelpunkt dieses Streckenabschnitts im Haltepunkt Birkenmoor fast erreicht hat. Vom Bahnhof Eisfelder Talmühle in 352 m Höhe hat sich der Zug auf 5,7 Streckenkilometern 180 Höhenmeter erkämpft, was einer durchschnittlichen Steigung von 31,5 ⁰/₀₀ entspricht. Foto: Gerhard Bank

Linke Seite: Mit dem P 14410 von Nordhausen hat die 99 7235-7 am 25. Mai 1990 den Scheitelpunkt der Strecke bei Birkenmoor überwunden und überquert nun die Hochfläche zwischen Stiege und Hasselfelde. Foto: Georg Wagner

Rechts oben: Der Streckenabschnitt von Stiege nach Hasselfelde wird seit der Wiedereröffnung des Abschnitts Straßberg — Stiege auch von einem nachmittäglichen Zugpaar der Selketalbahn befahren. Am 15. Dezember 1988 dampft die 99 6001-4 mit den zwei Wagen des P 14465 von Gernrode in Richtung Hasselfelde. Foto: Tino Eisenkolb

Rechts unten: Kurz vor ihrer „Feierabendleistung", dem P 14417 nach Benneckenstein, werden am Abend des 18. März 1990 im Bahnhof Eisfelder Talmühle nochmals die Wasservorräte der 99 7246-4 ergänzt. Foto: Thomas Menzel

Die Selketalbahn

Wie schon bei der Harzquerbahn war auch bei der projektierten Selketalbahn die Abfuhr der örtlichen Rohstoffe die entscheidende Triebfeder. Große Vorkommen an Holz, Blei, Silber, Zinn, Zink und Flußspat mußten unter schwierigen Bedingungen mittels Pferdefuhrwerken aus den unwegsamen Harzbergen abtransportiert werden. Bereits 1853 entstand der Plan, eine Bahn über anhaltisches Gebiet zu errichten. Hohe Baukosten und politische Querelen — Preußen legte sein Veto gegen eine Bahnverbindung zwischen Anhalt und dem Land Braunschweig ein — zwangen immer weiter zum Aufschub. Als 1885 die Halberstadt-Magdeburger-Eisenbahn den am Fuße des Harzes liegenden Ort Gernrode erreicht hatte, gründete sich recht bald die Gernrode-Harzgeroder-Eisenbahn als Aktiengesellschaft. Über 60% der Aktien waren in der Hand des Landes Anhalt und der Harzgemeinden. Wegen der Einwände Preußens sollte offiziell nur eben Harzgerode angesteuert werden, obwohl ein Weiterbau nach Westen in den Köpfen der Verantwortlichen bereits beschlossene Sache war. Der Bau als Schmalspurbahn war angesichts der Geländeformationen mit starken Steigungen und engen Graniteinschnitten die einzig bezahlbare Variante. Am 27. September 1886 begann die Firma Horstmann & Co. aus Hannover mit dem Bau. Die Genehmigung für den Betrieb einer Nebenbahn mit 1000 mm Spurweite und der Oberbauqualität der preußischen Norm wurde am 14. März 1887 erteilt. Bevor der erste Bauabschnitt bis Mägdesprung am 7. August 1890 unter begeisterter Teilnahme der Bevölkerung eröffnet werden konnte, war eine enorme Steigungsstrecke errichtet worden: zwischen Gernrode und Sternhaus steigt die Bahnlinie mittels einer 40-%₀-Rampe um 180 Meter! Die Betriebsführung war an die Berliner Vereinigte Eisenbahnbau- und Betriebsgesellschaft verpachtet worden.

1889 lag die Strecke schon bis Silberhütte, der Bahnhof Alexisbad mit dem Abzweig nach Harzgerode war fertiggestellt, in Harzgerode ein Lokschuppen samt Drehscheibe errichtet worden. In Silberhütte bestand schon seit 1882 eine 750-mm-Werksbahn nach Neudorf, die 1912 aufgelassen wurde. Am 1. Juli 1890 erfolgte die Betriebseröffnung bis Güntersberge, der Bau bis zur Landesgrenze wurde jedoch fortgeführt. Erst jetzt bemühte man sich um das Zustandekommen des notwendigen Staatsvertrages zwischen Anhalt und Braunschweig. Die braunschweigische Konzession wurde am 5. August 1891 erteilt und am 1. Mai 1892 war die Gesamtstrecke bis Hasselfelde befahrbar.

Die Verlängerung nach Hasselfelde sollte jedoch das Sorgenkind der GHE werden und bleiben. Der Warenaustausch dieser Region fand traditionell mit preußischen Gemeinden statt, der Güterverkehr blieb hier hinter den Erwartungen zurück. So entstand die Überlegung, einen Anschluß an das preußische Nordhausen zu bauen. Mit dem Ablauf des Pachtvertrages tätigte die GHE zahlreiche Investitionen: Bau der Verbindung Stiege – Eisfelder Talmühle unter finanzieller Beteiligung der NWE, Kauf neuen und gebrauchten Rollmaterials sowie Einbau gebrauchter Staatsbahnschienen. Nicht zuletzt dank hoher Tarife entstand ein befriedigendes Bilanzergebnis.

Mit dem Ersten Weltkrieg begann der Niedergang der GHE. Fast alle neuen Loks und Wagen mußten abgegeben werden, gleichzeitig stieg das Güteraufkommen binnen 4 Jahren von 92000 t auf 170000 t. Der völlige Verschleiß des rollenden Materials war vorprogrammiert. In der Inflationszeit nach dem Kriege zwang die Entwertung der Rücklagen zur Betriebseinstellung des unrentablen Abschnittes Stiege – Eisfelder Talmühle. Nach fast zweijähriger Unterbrechung konnte der Verkehr 1924 dank der Subventionierung des Kreises Blankenburg wieder aufgenommen werden. Seit 1931 waren die Ausgaben schließlich deutlich höher als die Einnahmen, 1942 fusionierte die GHE mit der Dessau-Wörlitzer-Eisenbahn.

Im April 1945 folgte die komplette Betriebseinstellung, anschließend der Streckenabbau auf Befehl der Sowjetischen Militäradministration (SMAD). Lediglich bei der Station Lindenberg (heute Straßberg) befand sich noch ein Inselbetrieb von 3,5 km Länge mit der Lok „Gernrode" und einigen Güterwagen. Die Verladestelle „Fluor" und der Flußspat fördernde Herzogschacht wurden noch bedient, die Güter am Bahnhof auf LKW umgeladen. Der nicht abgebaute Abschnitt Eisfelder Talmühle – Hasselfelde fiel an die NWE. Nach der Verstaatlichung im Jahr 1946 genehmigte die SMAD im folgenden Jahr den Wiederaufbau. Bis 1950 waren die Abschnitte von Gernrode bis zu den Schächten bei Straßberg wiederhergestellt. Loks und Wagen wurden von der Harzquerbahn umgesetzt. Als 1956 in Wernigerode die Neubauloks den Verkehr übernommen hatten, wurden auch die Malletloks der Reihe 99.590 sowie die 99 6001 nach Gernrode abgegeben.

Im allgemeinen gelten gerade die 99.590 als die typischen Maschinen des Selketals. Aber auch sie stammen von der Harzquerbahn. In den Jahren 1897 bis 1901 bestellte die NWE bei der Firma Jung in Jungenthal bei Kirchen a. d. Sieg insgesamt 12 kräftige Malletloks. Wie viele andere Schmalspurbahnen stand auch die Harzquerbahn vor dem Problem, vierfach gekuppelte Maschinen bei den vorhandenen Kurvenradien nicht einsetzen zu können. Man griff daher auf das System Mallet zurück: Fest im Lokomotivrahmen waren nur die beiden unterhalb des Führerhauses liegenden Achsen gelagert, die vorderen bildeten ein Drehgestell, konnten also in den engen Kurven entsprechend ausschwenken. Notwendigerweise entstand so ein Vierzylinderantrieb, da ja beide Achsgruppen angetrieben werden sollten. Zur Ausführung kam ein

Linke Seite: Bis zum Sommerfahrplan 1984 ließ sich in Alexisbad mit etwas Glück oder geschickter Argumentation eine Doppelausfahrt erleben: Wie hier am 28. März 1981 wurden die Abfahrtzeiten der P 69714 (11.44 Uhr) in Richtung Straßberg (links mit 99 5904-0) und P 14454 (11.46 Uhr) nach Harzgerode (rechts mit 99 6001-4) vom Lokpersonal zur Freude der Fotografen gern etwas „angenähert". Foto: Karsten Risch

Naßdampfverbundsystem, wobei die hintere Gruppe die Hochdruck-, die vordere, beweglich im Drehgestell gelagerte die Niederdruckzylinder erhielt, um die Dichtungsprobleme bei der Dampfzuleitung zu verringern. Zur Einsparung der Entwicklungskosten übernahm man Elemente einer gängigen Heeresfeldbahnkonstruktion, bestand aber auf einem Außenrahmen zur Aufnahme der hinteren Achsen, um die wesentlich größere Feuerbüchse unterbringen zu können. Die Leistung betrug dann 350 PS, die Höchstgeschwindigkeit 30 km/h bei 1000 mm Raddurchmesser. Auf 30 ‰ konnten 86 t mühelos befördert werden. Alle Maschinen waren mit Hardy-Luftsaugern ausgerüstet.

Die Bestellung einer Heeresfeldbahntype sollte sich jedoch in gänzlich unerwarteter Weise rächen. Mit Ausbruch des Krieges wurden 5 Loks „eingezogen" und mußten Dienst in Frankreich verrichten. Sie kehrten nicht wieder zurück. Als sich 1920 die Gelegenheit bot, erwarb die NWE von der Ruhr-Lippe-Eisenbahn eine ähnliche Lok, die jedoch auch für die hinteren Achsen einen Innenrahmen und 12 statt 14 atü Kesseldruck besaß. Diese 1918 bei der Maschinenbau-Gesellschaft in Karlsruhe mit der Fabriknummer 2052 erstellte Lok fällt bis heute besonders durch ihr anders gestaltetes Führerhaus auf. Sie entspricht im wesentlichen den zuvor im Selketal eingesetzten originalen GHE-Mal-

lets. Probleme bei der Wartung der Mallets, besonders im Bereich der Feuerkiste, führten dann 1924/25 zu größeren Umbaumaßnahmen. Der Kessel wurde um 300 mm angehoben, neue und größere Führerhäuser aufgesetzt. Im Rahmen dieser Reparaturen zeigten sich erhebliche Schäden an einer Lok, die zur Ausmusterung zwangen. Ein weiterer Verlust war 1927 bei einem Unfall im Thumkuhlental zu beklagen: Die umgestürzte Zuglok mußte an Ort und Stelle verschrottet werden. Somit war der Bestand auf 6 Loks geschrumpft. Hanomag lieferte 1929 für die Lok „12" (spätere 99 5902) einen Ersatzkessel. Nach der Verstaatlichung erhielten diese Maschinen die Bezeichnung 99 5901 – 5906, letztere ist übrigens die von Karlsruhe gebaute Lok. Durch die Betriebsumstellung auf das Druckluftbremssystem bis 1989 schrumpften die Einsatzmöglichkeiten für die 99.590 immer weiter. Heute verbleibt ihnen nurmehr der Einsatz vor dem Traditionszug. Geplant ist daher, zumindest die 99 5902-4 ebenfalls mit einer Druckluftbremse auszurüsten.

Im Rahmen des Einheitslokprogramms hatte die Firma Krupp auch Lokomotiven mit unterschiedlichen Achsfolgen für Schmalspurbahnen auf dem Reißbrett entwickelt. Die GHE bestellte eine, die NWE zwei Loks der Achsfolge 1'C1', jedoch bekam nur die NWE aus ihrer Bestellung eine einzige Lok tatsächlich geliefert, da bedingt durch die Kriegserfordernisse jetzt in Berlin entschieden wurde, was zu bauen war und was nicht. Die 1939 mit der Fabriknummer 1875 gelieferte „Schmalspur-64" erhielt die NWE-Nummer 21. Sie war ausgesprochen leistungsstark und konnte im Betriebsdienst voll überzeugen. Die 1000-mm-Räder erlaubten eine Höchstgeschwindigkeit von 50 km/h, der Achsdruck betrug nicht zuletzt wegen der reichlich bemessenen Vorräte 10 t. Auf der Strecke zum Brokken hinauf konnte die Maschine 80 t mit den geforderten 30 km/h befördern. Zur Bremsausrüstung gehörten die Druckluftbremse mit Zusatzbremse sowie der Hardy-Luftsauger. Der werkseitig eingebaute Druckausgleichkolbenschieber wurde später durch den bewährten Trofimoff-Schieber ersetzt. Mit dem Eintreffen der letzten Neubauloks der Baureihe 99.23 – 24 setzte man die mittlerweile als 99 6001 bezeichnete Lok nach Gernrode um. Sie war dann die erste Maschine, die auf der Selketalbahn mit einem druckluftgebremsten Zug unterwegs war.

Linke Seite: In voller Schönheit präsentiert sich am 23. Februar 1990 die 99 6001-4 im Bahnhof Stiege. Angeblich ist auch für diese Lok eine grüne Lackierung als NWE 21 geplant, was einem weiteren Abstieg in Richtung Museumsbahn gleichkäme. Foto: Dieter Spillner

Rechts: Auf den Aufnahmen dieser Seite sind die beiden unterschiedlichen Bauarten der Baureihe 99.590 gut zu unterscheiden. Neben geringfügigen Abweichungen bei den Kesselaufbauten fallen beim Vergleich der am 26. Dezember 1978 in Gernrode aufgenommenen 99 5903-2 (Foto: Werner Schimmeyer) mit dem Einzelstück 99 5906-5, hier am 12. Oktober 1986 in Stiege (Foto: Thomas Finck), besonders deren anderes Führerhaus und die in einem Innenrahmen gelagerten Achsen des hinteren (Hochdruck-)Triebwerks auf.

Im Generalverkehrsplan der DDR von 1966 war festgelegt, den Betrieb Anfang der siebziger Jahre einzustellen, was zur Folge hatte, daß nur noch auf Verschleiß gefahren wurde. Als die 99 5905 beim Verladen beschädigt wurde, musterte man sie 1971 kurzerhand aus. Daß diese Strecke heute noch (!) existiert, basiert auf folgenden Umständen: Der LKW-Bau in der DDR vermochte nicht, die benötigten Fahrzeuge herzustellen, gleichzeitig entstand bei Silberhütte ein neues Kohleheizkraftwerk, das enorm ausgelastete Güterzüge erwarten ließ. Da auf der Selketalbahn kein Rollbockbetrieb möglich ist, entstand das Stück Stiege – Straßberg neu und wurde am 30. November 1983 dem Verkehr übergeben. Nach dem Anschluß der DDR wird jedoch die Selketalbahn – touristisch im Schatten der Harzquerbahn gelegen – kaum bestehen bleiben.

Oben: Aufgrund von Bauarbeiten in Mägdesprung verkehrte der Frühzug P 14461 am 16. Mai 1986 mit zwei Loks und doppeltem Wagenpark, um tagsüber südlich von Alexisbad beide Streckenteile bedienen zu können. In gemeinsamer Anstrengung bezwingen die 99 5903-2 und -5902-4 die Steigung bei Sternhaus-Ramberg. Foto: Joachim Schmidt

Rechts: Noch am Beginn ihrer Fahrt durch das Selketal ist am 27. August 1988 die 99 5906-5 mit dem P 14463 beim Verlassen von Gernrode. Foto: Jürgen Court

Linke Seite: Im Herbst 1986 wurde die erste Wagengarnitur der Selketalbahn auf das Druckluft-Bremssystem umgestellt, was zur Folge hatte, daß diese Garnitur zunächst nur von der 99 6001-4 oder ersatzweise der 99 6102-0 befördert werden konnte. So kam am 28. September 1986 die immer sehr ungern im Streckendienst verwendete 99 6102-0 vor dem P 14465 nach Hasselfelde zum Einsatz. Bei Drahtzug fotografierte Joachim Schmidt.

Oben: In der Gegenrichtung rollt am 31. Dezember 1985 die 99 5902-4 mit dem P 14464 durch die Winterlandschaft talwärts nach Gernrode. Foto: Hans-Ulrich Schoemacker

Links oben: Gleich beide Lokomotiven der Baureihe 99.610 waren am 4. April 1977 unterwegs. In Mägdesprung kreuzt der von den 99 6101-2 und 5906-5 geführte P 14453 den Gegenzug mit der 99 6102-0. Beide Lokomotiven tragen übrigens noch ihre alten Nummernschilder. Die Kontrollziffer ist nur aufgemalt. Foto: Joachim Bügel

Links unten: Nur mit Mühe gelingt es am 2. Oktober 1990 dem Zugpersonal, der soeben mit dem P 14465 in Alexisbad eingefahrenen 99 7237-3 den Weg zum Wasserkran zu bahnen. Dabei hätte ein Blick auf die Bahnhofsuhr den zahlreichen Fahrgästen verraten, daß bis zur Abfahrt des Gegenzuges nach Gernrode noch gut neun Minuten verstreichen werden. Foto: Michael Hubrich

Rechte Seite: Am 27. März 1986 ist die Selketalbahn noch fest in der Hand der Mallet-Lokomotiven und der 99 6001-4. Letztere hat sich mit ihrem Gleisbauzug in den Bahnhof Alexisbad zurückgezogen, um den 99 5902-4 und 5904-0 mit den Zügen 14451 und 14464 die Kreuzung zu ermöglichen. Foto: Joachim Schmidt

Links: Am 24. Oktober 1990 frischt die 99 7237-3 in Alexisbad ihre Vorräte auf. Foto: Michael Hubrich
Oben: Noch stimmen die vielen Details am Rande der Strecke: Der Bahnhof Alexisbad wurde bisher von kurzsichtigen Modernisierungen verschont. Foto: Michael Hubrich
Rechte Seite: Es muß nicht immer der ICE sein. Am 15. Oktober 1980 „sprintet" die 99 5901-6 mit dem P 69716 aus dem Bahnhof Alexisbad. Foto: Michael Hubrich

Oben: Auf dem 2,9 Kilometer langen Streckenabschnitt von Alexisbad zum 400 m hoch gelegenen Bahnhof von Harzgerode steigt die Strecke um 75 Meter. Entsprechend eindrucksvoll ist die Dampfentwicklung bei den bergwärts fahrenden Zügen, vorausgesetzt, Luftfeuchtigkeit und Lufttemperatur spielen mit. Das ist am 25. Oktober 1990, als die 99 7237-3 den P 14451 durch das herbstliche Birkenlaub führt, zweifellos der Fall. Foto: Michael Hubrich

Rechte Seite: Durch ein absolutes Traumwetter, auf das wir nun schon einige Jahre verzichten mußten, kämpft sich die 99 5902-4 am 31. Dezember 1985 mit dem P 69711 nach Harzgerode. Foto: Hans-Ulrich Schoemacker

Linke Seite: Trotz enger 60-m-Radien mußten für die Selketalbahn einige Felseinschnitte gesprengt werden, die bis heute einen Betrieb mit Normalspurgüterwagen auf Rollfahrzeugen verbieten. Eine solche Engstelle passiert die 99 5902-4 am 13. Mai 1986 mit dem P 69711 auf ihrer Fahrt nach Harzgerode. Foto: Joachim Schmidt

Oben: Besonders in der ersten Hälfte der siebziger Jahre wurde der Oberbau der „bald" stillzulegenden Selketalbahn vernachlässigt. So kam es im Frühjahr 1977 in der Kurve vor Harzgerode zu einer Entgleisung, bei der die 99 5901-6 den Bahndamm hinab in die Wiese rollte. Am 4. April 1977 befördert die nun wegen Lokmangel wieder im Streckendienst benötigte 99 6102-0 den P 69725 an der Unglücksstelle vorbei. Für die Bergung der 99 5901-4 wurde damals ein provisorisches Abzweiggleis in die Wiese gebaut. Foto: Joachim Schmidt

Linke Seite: Der See kurz vor Harzgerode ermöglicht am 24. Oktober 1990 die Spiegelung des P 14451 mit der 99 7240-7. Foto: Michael Hubrich

Oben: Nur noch wenige Meter, dann hat die 99 5906-5 mit dem P 14457 am 28. September 1986 den Bahnhof in Harzgerode erreicht. Foto: Joachim Schmidt

Oben: Der Ort in Straßberg wird im Normalfall qualmfrei passiert. Offensichtlich meint es aber der Heizer der 99 6001-4 vor dem P 14465 am 17. Februar 1990 besonders gut mit dem Fotografen. Foto: Michael Hubrich

Rechte Seite: Mit ähnlich gutem Willen des Lokpersonals gelang am 29. Oktober 1984 zwischen Silberhütte und Straßberg die Aufnahme des Güterzugs N 67793 nach Nordhausen mit der 99 7243-1. Foto: Herbert Thieme

Oben: Der See hinter Güntersberge ist zwar zugefroren, als der P 14463 mit der 99 7244-9 am 2. Februar 1991 vorbeidampft, doch von Schnee und Sonne konnte man auch im Jahr 1990/91 nur träumen. Foto: Georg Wagner

Rechte Seite: Wenige Minuten nach dem Sonnenaufgang verläßt der P 14461 mit der 99 7235-7 am 24. Oktober 1990 den Bahnhof in Straßberg. Foto: Michael Hubrich

Die Strecke Oschatz – Mügeln – Kemmlitz

Bis 1880 war in Sachsen der Bau der wesentlichen normalspurigen Hauptmagistralen abgeschlossen. In den ländlichen Regionen zwischen den Hauptstrecken regte sich aber lautstark der Unwille der ortsansässigen Betriebe, wenn sie nicht in den Genuß einer nahegelegenen Bahnstation gekommen waren. Es ist dabei zu berücksichtigen, daß die industrielle Revolution in Sachsen sehr früh begonnen und auch zu zahllosen Betriebsgründungen geführt hatte, ohne daß sich dabei ausgesprochene Industriezentren wie etwa im Ruhrgebiet gebildet hätten. Noch heute prägen die oft weit verstreuten Betriebe das Bild eines schon früh zersiedelten Landes. Im Gegensatz zu dem in den norddeutschen Ländern üblichen Verfahren, Privatbahngesellschaften das Terrain zu überlassen, betrachtete die sächsische Regierung die eisenbahntechnische Erschließung des ländlichen Raumes als Staatsangelegenheit. Um Baukosten zu sparen, einigte man sich auf die Errichtung von Schmalspurbahnen in 750 mm Spurweite, die sich leicht an die Geländeformation anpassen ließen. So sollten in den kommenden Jahren zahlreiche Bahnen entstehen, die teilweise zu großen und zusammenhängenden Netzen führten.

Eines dieser Netze entstand rund um Mügeln. In der Region zwischen Dresden und Leipzig wurden in großem Stile Mineralien abgebaut, darunter besonders Quarzsand, der zur Ausmauerung von Hochöfen benötigt wurde, und Kaolin, der Grundstoff für die Porzellanherstellung. Zwischen 1884 und 1888 entstanden die Linien von Mügeln nach Döbeln, Oschatz und Neichen. Jeder dieser Endpunkte hatte Anschluß an eine normalspurige Bahnlinie. 1891 erfolgte die Eröffnung der Stichbahn von Oschatz zum Elbhafen Strehla, wo unter anderem das für Meißen bestimmte Kaolin auf Schiffe verladen wurde. Erst 1903 entstand mit der Stichbahn Nebitzschen – Kroptewitz der direkte Bahnanschluß an die Tongruben. Bis 1911 wurde auch bei Lommatzsch der Anschluß an das Wilsdruffer Netz gebaut. Die Gesamtstreckenlänge des Mügelner Netzes betrug jetzt 108 km!

Linke Seite: Bei Naundorf ist am Morgen des 12. Oktober 1990 die 99 1585-1 mit dem Güterzug N 66958 unterwegs in Richtung Mügeln. Foto: Georg Wagner
Oben: Die Silhouette der 99 1574-5 bei Naundorf am 17. Oktober 1984. Foto: Herbert Thieme

Kaum war der sächsische Raum mittels zahlreicher Schmalspurbahnen an die weite Welt angeschlossen, setzte hier ein bis dahin in deutschen Landen beispielloser wirtschaftlicher Aufschwung ein. Jährliche Steigerungsraten von 62% im Personen- und 35% im Güterverkehr waren anfangs zu verzeichnen. Waren die Personen noch relativ leicht zu befördern, so hatte der Güterverkehr doch bereits sehr schnell die Grenzen des Möglichen überschritten. Durch die zeitraubende und arbeitsintensive Umladung der Güter von Normal- auf Schmalspurgüterwagen (und umgekehrt) drohte der gesamte Betrieb in den Endbahnhöfen zusammenzubrechen. Was den Bau neuer Strecken betraf, war die Konsequenz klar: Sie wurden direkt in Normalspur ausgeführt.

Bei den Schmalspurbahnen, die ja erst seit wenigen Jahren – teilweise erst Monaten – fertiggestellt waren, scheute man sich, die einzig sinnvolle Konsequenz – nämlich die Umspurung – zu ziehen. Eine Maßnahme, die gegen Ende des vorigen Jahrhunderts für einige Strecken dann doch unausweichlich wurde. Es mußte schnell etwas geschehen! Die Denkrichtung war eindeutig vorgegeben: Normalspurwaggons mußten auf die Schmalspur. Im Jahr 1885 begann so die Rollbockära in Sachsen. In wenigen Monaten waren nahezu alle Strecken für den Rollbockbetrieb ausgerüstet. Aber genauso schnell zeigte sich, daß hier der „Teufel mit dem Beelzebub" ausgetrieben worden war. Die Zuglasten vergrößerten sich allein schon durch das zusätzliche Gewicht der Normalspurwaggons derart, daß Doppelbespannungen mit den vorhandenen Ik-Maschinen an der Tagesordnung waren, häufig sogar diese enormen Güterzüge vor den oft vorhandenen 30-‰-Steigungen nochmals geteilt werden mußten. Das Problem war nur von den Streckenausgangspunkten auf die Strecken selbst verlagert worden, Menschen und Maschinen wurden verschlissen.

Eine neue und starke Maschine mußte her! Aber mit dreifach gekuppelten Lokomotiven war keine Leistungssteigerung mehr zu bewältigen. Andererseits waren mehr als drei Kuppelachsen angesichts der vorhandenen 40-m-Kurvenradien nicht angeraten. Die im Jahre 1890 mit der Konstruktion beauftragte Sächsische Maschinenfabrik Hartmann aus Chemnitz entwarf daraufhin eine Naßdampf-Verbundlokomotive der Bauart Meyer. Der – wie übrigens auch Firmengründer Richard Hartmann – aus dem Elsaß stammende Jean-Jaques Meyer hatte

1861 den Entwurf einer Gelenklokomotive zum Patent angemeldet, von der allerdings erst wenige Exemplare in Frankreich, Belgien und den USA gebaut worden waren. Auf einem Trägerrahmen wurden der ausreichend dimensionierte Kessel sowie Führerhaus und Vorratsbehälter aufgebaut, während die Antriebsachsen, paarweise in Drehgestellen gelagert, der Forderung nach besonders guter Kurvengängigkeit genügten. Um ausreichend Platz für Feuerkiste und Aschkasten zu erhalten, mußte das hintere Drehgestell mit einem Außenrahmen versehen werden. Logischerweise benötigte jedes Drehgestell eine eigene Zylindergruppe, wobei das hintere die Hochdruck-, das vordere die Niederdruckzylinder trug. Um den Dampfweg möglichst kurz zu gestalten, wurden die Zylindergruppen jeweils zur Lokmitte hin gegenübergestellt. Schon bei der Konstruktion erkannte man die beweglich gelagerten Dampfzuleitungen als Schwachstelle. So wurden diese Gelenke zum Schutz vor Erschütterungen über der diagonal zwischen den Drehgestellen angebrachten Verbindungsstange gelagert, die ihrerseits wiederum eine bessere Laufruhe und Kurveneinstellung bewirkte. Dennoch sollten die dichtungsfreien Gelenke der Dampfzuleitungen die am meisten reparierten Einzelteile der IV k werden.

Im Jahr 1892 erfolgte die Lieferung der ersten zehn Loks. Die Höchstgeschwindigkeit betrug 30 km/h, die Zugkraft erfüllte alle Erwartungen. Bis 1914 wurden insgesamt 95 Stück dieser Lokgattung beschafft, eine letzte folgte 1921. Da während des langen Beschaffungszeitraumes die Zuglasten weiter anstiegen, wurden zahlreiche Bauartveränderungen notwendig: Ab 1908 stieg der Kesseldruck von 12 auf 14 atü, ab 1909 gelangten Hochdruckzylinder von 400 mm Durchmesser statt der bis dahin gebräuchlichen mit 370 mm zum Einbau. Von 1912 an erfolgte die Einführung der Saugluftbremse der Bauart Körting sowie die abermalige Erhöhung des Kesseldruckes um 1 atü. Die Leistungen und auch das Lokgewicht steigerten sich dadurch beträchtlich, so daß die DRG auch für die 99 586—588 und ab 595 das Gattungszeichen K 44.8 statt des K 44.7 festlegen mußte.

Bis auf sechs Verluste überstanden alle IV k den Ersten Weltkrieg und trugen danach weiterhin die Hauptlast des Verkehrs auf den sächsischen Schmalspurbahnen, obwohl mit den Baureihen 99.64—71 und 99.73—76 spürbare Entlastung eingetroffen war. Dennoch häuften sich ab dem Ende der dreißiger Jahre Schäden, die auf einen übermäßigen Verschleiß durch die dauernde Überlastung zurückzuführen waren. Im Laufe von 24 Monaten mußten oftmals alle Lager, Stangen und Gleitbahnen ersetzt werden. In den fünfziger Jahren kamen Rahmenrisse und schwere Kesselschäden hinzu. Für die durch die Kriegsfolgen wirtschaftlich ausgeblutete DDR war nicht möglich, was schon 50 Jahre früher hätte geschehen müssen: die Umspurung. Also wurde aus der Verlegenheits- eine Notlösung; die Generalreparatur bzw. Rekonstruktion wurde in Angriff genommen. Schauen wir uns diese Schritte anhand des Betriebsbuches der 99 516 einmal genauer an. Erneuert wurden:

1954 vorderes Drehgestell, 4 Kuppelstangen, 2 Schieberstangen, Steuerung, alle Kolben und Schieber,
1955 Steuerung, Bremsanlage,
1956 Schieberstange rechts, 2 Gleitbahnen (verchromt),

Linke Seite: Mügeln, Trabi und IV k — eigentlich gehören sie untrennbar zusammen. Die 99 1586-9 rangiert am 12. Oktober 1990 im ehemals größten Schmalspurbahnhof Europas. Foto: Georg Wagner
Rechts: Im Bahnhof Oschatz wartet am Abend des 7. Oktober 1990 eine Reihe von aufgeschemelten Güterwagen auf die Fahrt zum Kaolinwerk in Kemmlitz. Auf dem oberen Bild sind die schmalspurigen Rollwagen und die zur Verbindung der Rollwagen genutzten Kuppelbäume zu sehen, unten erkennt man die Übergangsstelle von der Normal- zur Schmalspur und die Befestigung der Normalspurgüterwagen mit um die Achsen gelegten Ketten. Fotos: Georg Wagner

1958 alle Kuppelstangen, je 2 Kolben- und Schieberstangen, 8 Kreuzkopfplatten, alle Achslager, Lichtanlage, Aschkasten, Führerhaus,
1959 Blecharbeiten aller Art, 3. Achse,
1961 Kohlen- und Wasserkasten,
1962 alle Kurbelzapfen, Kolbenringe und Stangenlager,
1963 Rahmen und Kessel.

Insgesamt 25 Loks erhielten neue, vom RAW Halberstadt in Schweißkonstruktion gefertigte Kessel sowie ausnahmslos neue Rahmen. Äußerlich sind diese Loks gut an ihrem abgeflachten Dom und den darauf angebrachten Ackermann-Sicherheitsventilen zu erkennen. Auch innerlich hat sich einiges verändert: Die Feuerkiste wurde 6 cm breiter, die Verdampfungsoberfläche um fast 8% vergrößert. Das Gewicht des Kessels verringerte sich dabei auf 4720 kg (gegenüber 5750 kg bei 99 511 bzw. 6350 kg bei 99 561). Die Achslast sank so bei allen Rekomaschinen trotz nochmaliger Leistungssteigerung wieder auf 7 t. Wie nötig diese Arbeiten waren, zeigt auch die im Jahre 1962 erstmals (!) durchgeführte Testfahrt zur Erstellung eines Leistungsdiagrammes. Auf der Strecke von Freital-Hainsberg nach Kipsdorf testete die VES-M Halle die mit einem 15 atü Kessel ausgerüstete 99 585 und kam zu einer Leistungsmessung von 200 PS. Bisher war man immer von 330 PS ausgegangen und hatte auch die Zuglasten entsprechend festgelegt!

Die nicht rekonstruierten Loks schob man recht bald in den Rangierdienst oder auf Reserve ab. Andere wurden „in's Ausland" nach Rügen geschickt, wo sie ihr Gnadenbrot mit geringeren Zuglasten verdienen konnten. Alle heute noch anzutreffenden Lokomotiven sind Rekomaschinen. Das gilt auch für die Radebeuler Traditionslok 99 539. Erst jetzt, anläßlich der Hauptuntersuchung der Lok im RAW Görlitz im Jahr 1991, war man bereit, dieser unter ihrer alten sächsischen Beschilderung laufenden Lokomotive auch die dafür notwendigen Blecharbeiten zur Kaschierung ihres Rekokessels zu spendieren.

Bis zum heutigen Tage bewältigen die IV k auf dem Mügelner Restnetz den Gesamtverkehr. Aufgrund der in den zahlreichen Anschlußgleisen vorhandenen Kurvenradien von nur 40 m sind sie hier durch keine andere Lokbaureihe zu ersetzen. Sie dürfen für sich in Anspruch nehmen, die letzten im Planbetrieb befindlichen Länderbahndampfloks zu sein. Was für den Betrachter von besonderem Reiz ist, bedeutet für die Lokpersonale jedoch einen im

Linke Seite: Am Abend des 12. Januar 1990 ist die 99 1574-5 mit dem letzten Güterzug aus Kemmlitz in Mügeln eingetroffen. Nun steht sie bis zum nächsten Morgen zusammen mit ihren Schwestern im Schuppen des Betriebswerks. Zwar sind die Einsätze rund um die Uhr an diesem Tag schon Geschichte, doch immerhin werden täglich noch vier Lokomotiven benötigt. Kurz darauf wird die Wochenendruhe eingeführt. Ein Jahr später rechnet das Personal fast täglich mit der Einstellung des Betriebes. Foto: Marcus Niedt

Oben: Der Arbeitsplatz des Lokführers auf einer IV k: Der niedrige Kessel oder die Steuerungsstange statt dem üblichen Handrad sind für den mit Einheitslokomotiven vertrauten Betrachter ungewohnt. Das Foto von Georg Wagner entstand am 8. Oktober 1990 auf der 99 1586-9 in Mügeln.

Rechts oben: Warum die Rauchkammer mit gewisser Berechtigung Rauchkammer heißt, demonstriert der Heizer der 99 1585-1 am Nachmittag des 10. Oktober 1990. Foto: Georg Wagner

wahrsten Sinne des Wortes aus dem vorigen Jahrhundert stammenden Arbeitsplatz. Der einzige sichtbare Wasserstandsanzeiger neben den Prüfhähnen befindet sich in Oberschenkelhöhe und ist zu allem Überfluß auch noch fast völlig ummantelt. Die zum Ablesen notwendigen Gummiknochen hat wirklich nicht jeder vorzuweisen. Das oftmals in der Gegend von Thalheim vorkommende Dampfköchen auf freier Strecke hat seine Ursache nicht nur im Dampfmangel: Es ermöglicht dem Heizer auch das problemlose Treffen des Feuerloches, ohne daß die zur Seite klappbare Feuertür bedingt durch die Erschütterungen während der Fahrt wieder zufällt. Nicht geringer sind auch die Anforderungen an das eingespielte Verhalten bei den Personalen, liegen doch die Entwässerungshähne für die einzelnen Zylindergruppen sowie die beim Rangieren ausschließlich benutzte Wurfhebelbremse aus Platzmangel auf der Heizerseite. Das Ende der letzten Lokomotiven der Reihe IV k kündigt sich an: Seit 1991 sollen keine Hauptuntersuchungen an diesen Maschinen mehr ausgeführt werden.

Das heute noch betriebene Reststück von Oschatz nach Kemmlitz setzt sich aus den Überbleibseln des einstigen Netzes zusammen, das ansonsten im Jahr 1966 stillgelegt wurde. Es handelt sich im einzelnen um die Strecken Oschatz – Mügeln (eröffnet am 7. Januar 1885), Mügeln – Nebitzschen (einem Teilstück der am 1. November 1888 eröffneten Linie nach Neichen) und Nebitzschen – Kemmlitz (einst Unterwegshalt der seit dem 3. August 1903 betriebenen Linie nach Kroptewitz). Die Streckenlänge beträgt nur noch 17,3 km. Seit der Einstellung der Personenbeförderung zwischen Oschatz und Mügeln am 28. September 1975 werden fast ausschließlich Kohlen und das Kaolin aus dem ehemaligen VEB Silikatrohstoffkombinat Kemmlitz befördert.

Mit dem letzten Zug des Tages gelangt die tagsüber zum Rangierdienst im Oschatzer Bahnhof genutzte Lokomotive als Vorspann zurück nach Mügeln. So fahren am 22. Februar 1988 die 99 1574-5 und 1586-9 mit dem Zug N 66968 an der Kulisse der spätgotischen Aegidienkirche der Stadt Oschatz vorbei heimwärts. Foto: Jürgen Walter

Dank einer Sonderleistung am Abend des 1. Mai 1989 gelang diese außergewöhnlich stimmungsvoll beleuchtete Aufnahme der 99 1586-9, die gegen 20.15 Uhr im letzten Licht dieses Tages die berüchtigte Steigung vor Naundorf bezwingt, die schon zu manchem, im Dampfmangel begründeten Zwangshalt geführt hat. Foto: Jörg Lempe

Oben: Durch die Wiesen vor der Stadt Oschatz zieht die 99 1586-9 am 8. Oktober 1990 den Güterzug 66958 mit der vom regional bekannten Mügelner Brennstoffhändler Lässig schon erwarteten Fracht. Foto: Georg Wagner

Rechte Seite oben: Am 12. Oktober 1990 ist die 99 1585-1 mit dem morgendlichen N 66958 bei Talheim unterwegs. Foto: Georg Wagner

Rechte Seite unten: Zwischen Naundorf und Schweta rollt am Nachmittag des 10. Oktober 1990 der N 66964 mit den 99 1586-9 und 1585-1 nach Mügeln. Foto: Georg Wagner

Zu den betrieblichen Besonderheiten zählt das in Oschatz vorhandene Dreischienengleis, das durch den Bau eines normalspurigen Anschlußgleises entstand. Am dortigen Einfahrsignal, wo sich früher übrigens auch noch der Abzweig nach Strehla befand, erhalten die Güterzüge bei der Einfahrt in den Bahnhof Oschatz die Unterstützung der dortigen Rangierlok. Immer noch imposant ist die Bahnhofsanlage von Mügeln. Das riesige Terrain erinnert an die einstmals glanzvollen Zeiten, als täglich bis zu vierzig Güterzüge abgefertigt wurden. Das Bw Mügeln war damals (bis 1967) eine eigenständige Dienststelle, heute untersteht es als Außenstelle dem Bw Nossen.

War das Überleben der Bahn bis zur Wende durch das Güteraufkommen von jährlich 360000 t gesichert, dürfte ihre Abhängigkeit vom Güterverkehr trotz bestem Oberbau aller verbliebenen Schmalspurbahnen jetzt ihr Ende besiegeln. Je nach der zukünftigen Entwicklung des Kaolinwerkes nach dem Besitzerwechsel erscheinen mehrere Varianten denkbar: von der schrittweisen Verlagerung des Kaolintransports auf die Straße über die recht unwahrscheinliche Schließung des Werks bis zur Neutrassierung der Strecke in Normalspur. Nachdem zum Jahreswechsel 1990/91 sozusagen täglich mit der Einstellung des Betriebes gerechnet wurde, scheint sich die Lage mit dem Einsatz von drei Lokomotiven von montags bis freitags zumindest kurzfristig stabilisiert zu haben. Doch die Eisenbahner leben weiter mit der Unsicherheit ihrer Arbeitsplätze.

Links oben: Bei entsprechender Last gab es auch im Streckenabschnitt von Mügeln nach Kemmlitz Vorspannleistungen, wie hier am 12. November 1989 vor dem N 66980, den die 99 1586-9 und 1564-6 soeben durch die Felder vor Nebitzschen ziehen. Foto: Joachim Bügel

Links unten: Allein muß es am 16. Januar 1991 die 99 1584-4 mit dem N 66978 schaffen. In der Steigung vor Kemmlitz ist ihr die Anstrengung deutlich anzumerken. Foto: Bernd Seiler

Rechte Seite: Noch am Beginn dieser Steigung befindet sich am 12. Oktober 1990 die 99 1582-8 mit dem nachmittäglichen N 66982. Bei der Durchfahrt im ehemaligen Abzweigbahnhof Nebitzschen hat der Heizer noch einmal ordentlich nachgelegt. Foto: Georg Wagner

Die Strecke Cranzahl – Oberwiesenthal

Dicht an der Grenze zur Tschechoslowakei windet sich zwischen Cranzahl und Oberwiesenthal eine der reizvollsten Schmalspurbahnen der ehemaligen DDR durch das obere Erzgebirge. Nachdem die normalspurige Bahnlinie von Annaberg über Cranzahl nach Weipert im Jahre 1872 den Betrieb aufgenommen hatte, das Erzgebirge damit erstmals an die Welt des Schienenstranges angeschlossen war, forderte die Industrie rund um Annaberg die baldige weitere Erschließung der umgebenden Ortschaften in Richtung Oberwiesenthal. Der Grund hierfür war einerseits in dem großen Arbeitskräftereservoir des sächsisch-böhmischen Grenzgebietes zu suchen, andererseits versprach eine weitere Bahnlinie an die böhmische Grenze die Erschließung neuer Absatzmärkte. Neben der Trassenführung nach Oberwiesenthal stand auch eine Verbindung über Waltersdorf nach Crottendorf zur Diskussion. Diese später tatsächlich wenn auch zeitgemäß in Normalspur ausgeführte Alternative wird nicht zu Unrecht von den Eisenbahnfreunden oftmals als Sachsens einzige „normalspurige Schmalspurbahn" bezeichnet.

Der erste Spatenstich wurde am 1. April 1896 getan, nachdem der norwegische Ingenieur Ohlsen, dem im Erzgebirge auch die Einführung von Skiern nachgesagt wird, für die Bauausführung gewonnen werden konnte. Die Eröffnung war am 20. Juli 1897, die Bauzeit für die 17,1 km lange Strecke also im Vergleich zu anderen Schmalspurbahnen relativ lang, da die stark ansteigende Trasse oftmals durch bebautes Gebiet geführt werden mußte, zahlreiche Brücken erforderte und nicht zuletzt der lange Winter mit seinen gefrorenen Böden die Geländearbeiten behinderte. Es wurde ein Höhenunterschied von 287 m überwunden, der kleinste Kurvenhalbmesser lag bei 100 m, die durchschnittliche Steigung betrug 1:30.

Tatsächlich brachte der Bahnbau den erhofften Aufschwung, wenn auch bezüglich des Personenverkehrs wieder einmal aus völlig anderen Gründen. Schlagartig setzte ein großer Touristenstrom aus den Regionen Chemnitz und Zwickau ein. Waren anfangs drei Zugpaare täglich im Einsatz, stieg die Zahl bis 1911 auf zwölf an Werktagen, sonntags gar auf sechzehn an. Der Güterverkehr bewirkte tatsächlich eine Ausdehnung des Handels mit den Gemeinden des Nachbarlandes. So wurde 1906 der Transport von Normalspurwaggons unumgänglich. Interessanterweise wurden hier von Anfang an statt der ansonsten noch üblichen Rollböcke Rollwagen eingesetzt. Da in Cranzahl kein Platz mehr für die Unterbringung der Aufbockanlage war, wurde diese einfach auf dem Bahnhofsvorplatz errichtet.

Nach dem Krieg erlebte das Bähnchen einen neuerlichen Aufschwung durch die entstandenen Uranschächte. Hunderte von Bergleuten fuhren mit der Schmalspurbahn zur Schicht. Wie auch in anderen Regionen der DDR gab es eigens sogenannte „Wismutzüge". Aber schon recht bald wurden die Schachtanlagen wieder geschlossen, das Splitt- und Schotterwerk in Hammerunterwiesenthal war wieder der Hauptkunde im Güterbereich. Eine nie gekannte Zugdichte wurde 1973 erreicht, als die größtenteils parallel laufende Straße wegen Frostaufbrüchen erneuert werden mußte, so daß ein Straßenersatzverkehr durchgeführt wurde. Dieser Vorgang sollte sich 1990 zwischen Cranzahl und Kretscham-Rothensehma wiederholen. Im selben Jahr erfolgte auch eine Oberbauerneuerung im südlichen Abschnitt, bei der die beim Abbau der Preßnitztalbahn gewonnenen Gleisjoche per Hubschrauber an Ort und Stelle gebracht wurden.

Da diese Schmalspurbahn erst recht spät gebaut wurde, gelangten direkt IV k-Maschinen zum Einsatz. Im Jahr 1929 bekamen sie Unterstützung durch acht neu gelieferte Einheitsloks der Reihe 99.73 – 76. Heute sind neben einer IV k-Reservelok ausschließlich Neubauloks der Reihe 99.77 – 79 im Einsatz. Hatten die Schmalspurbahnen in Sachsen bis Mitte der dreißiger Jahre einen ausreichenden und vor allem in Hinblick auf starke Maschinen modernen Fahrzeugpark, so brachten die Kriegs- und besonders die Folgejahre einen jähen Einbruch. Neben den nicht mehr zurückgekehrten mußten zahlreiche Loks an die UdSSR abgegeben

Linke Seite: Hochbetrieb herrschte auf der Strecke Cranzahl – Oberwiesenthal stets in den vierzehntägigen Schneeferien im Februar. Manche Züge mußten in diesen Tagen mit Vorspann gefahren werden, um alle Urlauber in die lange ausgebuchten Ferienheime der höchstgelegenen Stadt der DDR zu bringen. Mit dem langen P 14309 verlassen die 99 1778-2 und 1777-4 am 20. Februar 1986 den Ort Neudorf. Foto: Joachim Schmidt
Rechts: Einer langjährigen Tradition folgend werden in den Weihnachtstagen alle auf dieser Strecke eingesetzten Lokomotiven mit Weihnachtsbäumen geschmückt. Vor dem Lokschuppen in Oberwiesenthal präsentiert sich am 29. Dezember 1990 die 99 1788-1 in voller Beleuchtung. Foto: Georg Wagner

werden, besonders natürlich von den moderneren Gattungen. Der Mangel an Ersatzteilen sowie die fortschreitende Materialermüdung zwang die Deutsche Reichsbahn der DDR zum Handeln. Neben den Maschinen für 1000 mm Spurweite mußten auch neue Loks für das sächsische 750-mm-Netz beschafft werden. Wie schon für die Loks der Harzquerbahn griff man auch hier auf bewährte Konstruktionen zurück. In Anlehnung an die DRG-Einheitsloks der Baureihe 99.73 – 76 fertigte der VEB „Karl Marx" Babelsberg in den Jahren 1952 – 1956 unter den Fabriknummern 32010 – 132035 insgesamt 24 neue Maschinen mit den Betriebsnummern 99 771 – 794. Auffällig ist die Tatsache, daß genau so viele Loks neu gebaut wurden, wie von der Reihe 99.73 – 76 abtransportiert oder ausgemustert worden waren.

Selbstverständlich versuchte man, die Neuerungen in der Lokomotivfertigung zu berücksichtigen und die im täglichen Betrieb aufgetauchten Unzulänglichkeiten der alten Einheitsloks auszuschließen. Auf einen Blechrahmen wurde der geschweißte Kessel gesetzt, der im Unterschied zu den Vorgängermaschinen keinen Speisewasservorwärmer mehr hatte. Die Feuerkiste erhielt einen wesentlich größeren Rost, was angesichts der Feuerung mit heimischer Braunkohle auch den gewünschten Erfolg bescherte: die Loks machten besser Dampf. Offensichtlich muß es bei den Einheitsloks öfters zu Ausglühungen an der Feuerbüchsdecke während der Talfahrt rückwärts gekommen sein, denn die Neubauten erhielten nach hinten geneigte Feuerbüchsdecken. In diesem Zusammenhang ist auch die Tatsache zu beachten, daß auf allen Schmalspurstrecken Sachsens die Loks mit der Rauchkammer in Bergrichtung stehen! Auch die Seitenbeweglichkeit der Kuppelachsen wurde verändert: Jetzt waren die 2. und 4. Achse um jeweils 24 mm seitenverschiebbar (anstatt 2. und 5. Achse um

6 mm) und das Treibrad spurkranzlos. Die Laufachsen waren wie zuvor mittels Längsausgleichshebeln mit den Kuppelachsen verbunden, wobei es im Betriebsdienst bei nicht exakt eingestellten Ausgleichshebeln zu Entgleisungen kam. Die werkseitig eingebauten Druckausgleichkolbenschieber der Bauart Müller konnten schon bald durch die überlegenen Trofimoff-Schieber ersetzt werden. Die Leistungsmessung dieser Type ergab 500 PS. Das Einsatzgebiet der Neubauloks blieb zunächst auf die Strecken von Radebeul, Freital und Cranzahl beschränkt, erst seit 1983 sind sie auch auf Rügen stationiert. Der beim Bau der Maschinen so gerühmte Blechrahmen erwies sich jedoch dem Barrenrahmen gegenüber als weit unterlegen. Extreme Verbiegungen und Risse, besonders im Umbug der Achslagerausschnitte, machen den Loks heute schwer zu schaffen. Die Schäden erweisen sich oft als auch im Ausbesserungswerk kaum richtbar, Aufschweißungen an Lagerhülsen und den Zylinderbefestigungen sind die notwendigen Arbeiten. Dazu kommen teilweise gravierende Kesselschäden, so daß das RAW Görlitz 1990 je sechs neue Rahmen und neue Kessel beim RAW Meiningen in Auftrag gegeben hat, die ab Mitte 1991 geliefert werden sollen. Wenn sich diese Pläne zerschlagen, ist mit dem baldigen Ausscheiden etlicher Lokomotiven aus dem Betriebsdienst zu rechnen. Theoretisch hat diese Bahn dank des zu erwartenden Tourismus eine reale Überlebenschance, doch ist die Normalspurlinie von Annaberg-Buchholz nach Cranzahl besonders wegen der großen Stahlgitterbrücke in der Einfahrt von Cranzahl akut einstellungsbedroht. Einen Anschluß an das übrige Bahnnetz gäbe es dann nicht mehr: Ein Umstand, der nicht gerade zu Hoffnungen Anlaß gibt.

Der Transport von Lokomotiven und Wagen zu den Ausbesserungswerken erfolgt mit normalspurigen Transportwagen. Im März 1982 bringt die 50 3647-0 in ihrem Nahgüterzug die frisch untersuchte 99 1790-7 nach Aue. Die Aufnahme entstand in Meinersdorf, wo rechts noch die Trasse der Schmalspurbahn nach Thum zu erkennen ist (Foto: Joachim Schmidt). In Cranzahl ist am 17. August 1980 die 99 1775-8 zur Abladung bereitgestellt (Foto: Werner Schimmeyer). Den Gleisstutzen zum Übergang der Schmalspurfahrzeuge auf die Normalspurtransportwagen erkennt man rechts neben dem Güterzug mit der 99 1608-1, die am 8. Mai 1990 zwei Rollwagen mit aufgeschemelten Normalspurgüterwagen von der nördlich des Bahnhofs gelegenen Umsetzanlage abgeholt hat. Foto: Joachim Schmidt

Linke Seite: Am 27. Dezember 1983, als die 99 1790-7 Cranzahl mit dem P 14311 verläßt, existiert noch das inzwischen durch ein Lichtsignal ersetzte negativflügelige Einfahr-Formsignal. Foto: Joachim Schmidt

Oben: Mit den elf Wagen des P 14309 mühen sich am 15. Februar 1988 die 99 1791-5 und 1772-5 über die Steigung zwischen Neudorf und dem Haltepunkt Vierenstraße. Foto: Joachim Schmidt

Links: Im „Straßenersatzverkehr" kam im Sommer 1990 die 99 1608-6 auf der Strecke Cranzahl – Oberwiesenthal zum Einsatz. Am 20. Juni 1990 verläßt sie mit dem P 14309 den Haltepunkt Unterneudorf. Foto: G. Wagner

Oben: Kaum Grund zur Ablenkung von der wichtigen Heuernte bietet der P 14323, der mit seiner 99 1788-1 am 29. Juni 1990 zwischen Unterneudorf und Neudorf unterwegs ist. Foto: André Sinn

Linke Seite: Wichtigster Verladebahnhof im Güterverkehr der Strecke war Hammerunterwiesenthal, wo das nahegelegene Dolomitwerk einen Teil seiner Produkte verlud. Die geringe Anzahl der am 21. Februar 1986 hier abgestellten Güterwagen, die der P 14305 mit der 99 1778-1 soeben passiert, war aber noch nicht als Vorzeichen der Wende zu verstehen, sondern in der saisonbedingten Arbeitspause im Steinbruch begründet. Foto: Joachim Schmidt

Oben: Ein Kontrastprogramm zu der umweltfreundlicheren Dampfwolke links bietet der Heizer der 99 1781-6 vor dem P 14309, der hier soeben den Bahnhof Kretscham-Rothensehma verlassen hat. Foto: Burkhard Wollny

Oben: Im Packwagen breitet sich schon deutlich erkennbar die Feierabendstimmung aus, als die 99 1608-1 mit dem P 69961 am 19. Juni 1990 bei Unterwiesenthal dem Endbahnhof entgegenstrebt. Foto: Georg Wagner

Rechte Seite: Kaum fotografisch wiederzugeben ist die weihnachtliche Stimmung in der Region um Oberwiesenthal: Nicht nur die Lokomotiven, sondern auch alle Hausfenster sind festlich erleuchtet. Am Abend des 29. Dezember 1990 passiert die illuminierte 99 1771-7 mit dem P 14319 die typischen Lichterbögen eines Hauses in Unterwiesenthal. Foto: Georg Wagner

99 1 771-7

Die Strecke Wolkenstein – Jöhstadt

Obwohl die Betriebseinstellung bereits am 21. November 1986 erfolgte, soll die Schmalspurbahn Wolkenstein – Jöhstadt hier dennoch erwähnt werden, ist sie doch in der Erinnerung der meisten Eisenbahnfreunde ein Synonym für die „Bimmelbahn" schlechthin. Gleichzeitig eröffnet sich dem interessierten Beobachter in der direkten Umgebung der Linienführung ein einzigartiger Lehrpfad der erzgebirgischen Industriegeschichte.

Der kleine Marktflecken Wolkenstein, gelegen am einstigen Handelsweg zwischen Meißen und Prag, erhielt im 12. Jahrhundert seine Schutzburg und die Stadtrechte. Zum eigenständigen Handelszentrum entwickelte sich die Gegend allerdings erst, als im 13. Jahrhundert im Raum um das heutige Jöhstadt Silber gefunden und abgebaut wurde. Die Silberadern waren bald erschöpft, nicht aber die anderen Erzvorkommen, mit denen man zunächst jedoch nichts anfangen konnte, da die technischen Voraussetzungen im Hüttenwesen noch nicht so weit gediehen waren, daß einzelne Metalle aus dem Gestein herausgeschmolzen und getrennt werden konnten. Erst als dies mit dem Saigerverfahren im 15. Jahrhundert möglich wurde, wuchs die wirtschaftliche Bedeutung der Erzgebirgstäler. In den waldreichen Gebieten entstanden zuerst die Betriebe zur Verhüttung und Verarbeitung der Metalle, danach um sie herum einzelne Wohnhäuser. Dieser Siedlungscharakter ist bis heute unverändert geblieben.

Entlang der Preßnitz und des Schwarzwassers wurden neben den Hochöfen zahlreiche Mühlen errichtet, die mittels Hammerwerken das Metall direkt

Linke Seite: Abendliche Begegnung in Wolkenstein am 9. Juni 1982: Der Nahgüterzug 64345 mit der 50 3646-2 muß warten, da der ausfahrende P 69957 nach Jöhstadt mit seiner 99 1585-1 auf einem kurzen Stück das gemeinsame Dreischienen-Gleis über die Zschopaubrücke befahren wird. Foto: Rolf Houben

Rechts: Dank der niedrigen Kessellage auch ohne Klettern möglich: das Löscheziehen bei der IV k. Foto in Jöhstadt am 10. April 1975: Johannes Glöckner

verarbeiteten. Es entstanden kleine Industriekomplexe, wie beispielsweise die Anlagen von Schmalzgrube (um 1550) und Schmiedeberg (1674). Die hier entstandenen Produkte waren qualitativ äußerst hochwertige Erzeugnisse, so wurden besonders Kupferschindeln für Kirchendächer sowie Musikinstrumente hergestellt. Die Arbeiten der Region genossen einen über die Landesgrenzen hinaus guten Ruf, so daß aufgrund der begrenzten Kapazitäten der Gruben bald sogar Rohstoffe aus anderen Regionen herbeigeschafft werden mußten. Ein weiteres Standbein der Wirtschaft im Preßnitztal sollte die Papierherstellung werden. In den sechziger Jahren des 16. Jahrhunderts entstanden die ersten Ansiedlungen von Schleifmühlen. Die Bachläufe von Preßnitz und Schwarzwasser wurden so bereinigt, daß ein ganzjähriges Abflößen des Holzes zu den Mühlen möglich war. Die Baumstämme wurden hier zerkleinert, eben „abgeschliffen", der so entstandene Filz dann mit reichlich Wasser gemischt und entsprechend der gewünschten Qualität abgegossen und getrocknet. Im Laufe der Zeit entwickelten sich florierende Betriebe, die sich auf die Herstellung von Pappen spezialisierten. Dieser Betriebszweig hat sich bis in die jüngste Vergangenheit behaupten können, wie die zahlreichen Trockenspeicher entlang der ehemaligen Bahnlinie beweisen.

Die oftmals verschlammten und durch den Holztransport zeitweise völlig zerstörten Wege behinderten den Gütertransport massiv. Besonders ins Gewicht fiel die Tatsache, daß die dringend benötigten Kohletransporte nicht mehr zuverlässig eintrafen. Schon seit 1867 bemühte man sich daher seitens der Industrie um den Anschluß an das Eisenbahnnetz. Doch erst im Februar 1891 begann

Oben: Die „fliegende Feuerübergabe" von der 99 1585-1 auf die kalte 99 1606-5 im Betriebswerk in Jöhstadt beobachtete Michael Hubrich am 2. August 1982.
Rechte Seite: Das Idyll der Bekohlung mit Förderband und Feldbahnloren gab es nur in Wolkenstein. Am 15. Mai 1983 wird die 99 1585-1 mit vereinten Kräften für die Fahrt nach Jöhstadt vorbereitet. Foto: Rainer Heinrich

der Bau dieser Linie, die sich durch zahlreiche Kunstbauten und betriebliche Besonderheiten auszeichnen sollte. Die ersten beiden Bahnkilometer wurden als Dreischienengleis auf der Trasse der Linie Flöha – Annaberg ausgeführt, wobei zur Anbindung des Schmalspurgüterbahnhofes noch ein zusätzlicher Seitenwechsel innerhalb des Normalspurgleises nötig war. Insgesamt 49 Stahl- und drei steinerne Brücken mußten errichtet werden, da die Trassenführung die Anbindung von 38 Fabriken und Betrieben vorsah, die natürlich alle direkt an den Wasserläufen lagen. Am 31. Mai 1892 konnte die Gesamtstrecke von 23 km Länge dem Betrieb übergeben werden. Am 5. Mai 1893 folgte noch der knapp 1,4 km lange Abschnitt vom Bahnhof Jöhstadt zur Staatsgrenze mit Böhmen, der 1972 abgebaut wurde. Der Betrieb war von der Eröffnung an hoch defizitär, verschlang der Streckenunterhalt doch Unsummen. Neben den 293 m Höhenunterschied verursachten besonders die engen Kurven lange Fahrtzeiten. Da gelegentlich Normalspurwaggons von den Rollböcken kippten, wurde auf dieser Bahn nur der Betrieb mit Rollwagen zugelassen, die ihrerseits noch mehr in den Kurven zwängten und der Gleislage arg zusetzten.

Neben der bestehenden Unwirtschaftlichkeit der Strecke machten sich in den siebziger Jahren besonders die Anliegergemeinden für die Einstellung der Bahn stark. Aus welchen Gründen dies geschah, liegt völlig im Dunkeln. Jedenfalls erfolgte die Einstellung des Verkehrs auf dem Abschnitt Niederschmiedeberg – Jöhstadt am 13. Januar 1984. Bis zum 30. September 1984 bestand noch der Personenverkehr zwischen Wolkenstein und Niederschmiedeberg. Anschließend gab es nur noch Güterzüge zum VEB DKK Scharfenstein, Werksteil Niederschmiedeberg, der die produzierten Kühlschränke per Bahn abtransportieren ließ. Mit der Kapazitätserweiterung des Containerbahnhofs Annaberg schließlich ging die Gesamteinstellung des Betriebs im Herbst 1986 einher. Danach erfolgte ein undurchsichtiges und zutiefst aberwitziges Unternehmen: der Streckenabbau. Bis 1988 wurden große Teile der Anlagen, zuletzt zahlreiche Brücken per Hubschrauber entfernt. Diese Gesamtaktion dürfte wohl annähernd so viele Mittel verschlungen haben, wie die Sanierung des Streckenreststückes gekostet hätte. Die Interessengemeinschaft Preßnitztalbahn befaßt sich inzwischen mit dem Wiederaufbau der Strecke zumindest im südlichen Abschnitt von Schmalzgrube nach Jöhstadt.

Linke Seite: Mit dem Güterzug nach Niederschmiedeberg hat die 99 1582-8 am Morgen des 5. Januar 1984 das Dreischienengleis verlassen und quert nun nochmals die Zschopau. Foto: Joachim Schmidt

Oben: Kurz vor Großrückerswalde führt am 25. Oktober 1985 die 99 1582-8 den Güterzug 67923 durch das Preßnitztal zur Kühlschrankfabrik in Niederschmiedeberg, dem Haupt-Güterkunden der Bahn. Foto: Herbert Thieme

Oben: Am 13. Januar 1984 wurde nach langem Ringen der Gesamtverkehr im oberen Preßnitztal zwischen Niederschmiedeberg und Jöhstadt eingestellt. Auch vier Jahre zuvor, am 3. Mai 1980, als die 99 1582-8 mit dem P 14287 bei Streckewalde eine der zahlreichen Brücken dieser Strecke befährt, war die Stillegung schon im Gespräch. Foto: Georg Wagner

Rechte Seite: Den Haltepunkt Schlössel unterhalb von Jöhstadt verläßt am 23. Februar 1980 die 99 1582-8 mit dem P 14287. Foto: Karsten Risch

Das traurige, vorläufige (?) Ende der Reststrecke ließ nicht lange auf sich warten: Am 6. Mai 1986 war der Abbauzug mit der 99 1582-8 im Bahnhof Steinbach angekommen. Kaum waren die Gleise entfernt, wurde ein Teil des Geländes ebenso wie in Jöhstadt zum Bau von Wohnblöcken genutzt (Foto links oben: Volker Jacobi). Im nördlichen Abschnitt rund um Streckewalde wurde die Zerstörung perfektioniert: An mehreren Tagen im September 1988 war ein Hubschrauber der sowjetischen Fluggesellschaft Aeroflot im Einsatz, um Gleisjoche oder Brückenteile auszuheben. Die ihrer Bahn beraubten Talbewohner hatten nun neben dem infernalischen Lärm der Rotoren noch weitere Schäden nach diesem Luftangriff zu beklagen: durch den Winddruck umgeknickte Bäume und abgedeckte Dächer blieben zurück. Während die Gleise nach Kretscham-Rothensehma an der Strecke Cranzahl — Oberwiesenthal geflogen wurden und dort bis 1990 wieder zum Einbau gelangten, waren die Brücken zur Zerlegung durch den Schweißbrenner freigegeben. Trotz dieses Großangriffs war der Streckenabbau insgesamt sehr oberflächlich. Etliche Kilometer Gleis wurde einfach liegengelassen, so daß sich der Eindruck aufdrängt, es sei bei dieser Aktion nicht etwa um eine vielleicht sinnvolle Schrottverwertung, sondern nur um eine schnelle Vernichtung der Strecke gegangen, um allen Erhaltungsbemühungen seitens der Bevölkerung und der Eisenbahnfreunde einen Riegel vorzuschieben. Mit dieser Erblast hat die Interessengemeinschaft Preßnitztalbahn, die den Wiederaufbau der Strecke zumindest auf einem Teilabschnitt betreibt, heute zu kämpfen. Fotos: Joachim Schmidt

Die Strecke Freital-Hainsberg – Kipsdorf

Als 1855 der Bahnbau von Dresden kommend bis Tharandt vorgestoßen und die baldige Vollendung des letzten Teilstückes bis zu den sächsischen Kohlegruben zu erwarten war, bildeten sich im angrenzenden Erzgebirge schon bald diverse Komitees, deren erklärtes Ziel es war, die Regierung von der Notwendigkeit eines Eisenbahnbaus in ihre Region zu überzeugen. In seiner 1889 erschienenen Denkschrift schrieb der Rechnungsrath Ulbricht, Vorstand des Statistischen Bureaus der Sächsischen Staatseisenbahnen: „Das immer stärker hervortretende Bedürfniß, dem Bezirke der Amtshauptmannschaft Dippoldiswalde den fast noch gänzlich fehlenden Anschluß an das bestehende Eisenbahnnetz zu gewähren, veranlaßte die Königliche Staatsregierung 1879, den Ständen den Plan einer schmalspurigen Bahn ... vorzulegen." Tatsächlich war die verkehrstechnische Erschließung der Region von nationalem Interesse, waren die dort angesiedelten Papier- und Möbelfabriken, die Erzschächte und energieintensiven Hüttenwerke ohne die preiswerte Transportmöglichkeit ihrer Produkte bzw. des Energieträgers Kohle in Zukunft kaum mehr konkurrenzfähig. Die wirtschaftliche Potenz dieser Region wurde als hoch genug eingestuft, um eine Normalspurlinie zu planen, jedoch „da dieses Thal (der roten Weißeritz) in seinem unteren Theile durch seine Enge dem Bau einer normalspurigen Hauptbahn außergewöhnliche Schwierigkeiten entgegengesetzt haben würde, so mußte umso mehr die schmale Spur gewählt werden, als dieselbe auch dem vorhandenen Verkehrsbedürfnis entsprach und den direkten Anschluß von Fabrikgleisen erleichterte". Im August 1881 wurde der Bau begonnen, der Abschnitt bis Schmiedeberg konnte am 1. November 1882 dem Verkehr überge-

Linke Seite: Den schönsten Abschnitt dieser Strecke, den „Rabenauer Grund", durchquert am 26. März 1989 der schwere GmP 69913 mit der 99 1761-8. Foto: Jörg Lempe
Rechts: Idylle am Rande: Das Stellwerk in Dippoldiswalde, aufgenommen am 5. Oktober 1990 von Georg Wagner

ben werden. Bereits am 3. September 1883 ist dann auch die restliche Strecke bis Kipsdorf eröffnet worden, Sachsens zweite Schmalspurbahn war somit fertiggestellt.

Die Linienlänge betrug 26,3 km, insgesamt 93% der Trasse befand sich in Neigungsverhältnissen von maximal 1:33, ein Höhenunterschied von 351 m war zu überwinden. Der kleinste Kurvenhalbmesser betrug 50 m. Viele Kunstbauten, darunter 40 Brücken und im Rabenauer Grund ein 18 m langer Tunnel waren notwendig. Im Jahre 1897 wurden die Bahnanlagen im Rabenauer Grund bedingt durch Hochwasser erheblich beschädigt. Angesichts dieser Schäden forcierte man seitens der Staatsbahn das Projekt einer geplanten Trinkwassertalsperre bei Malter, um sich durch die damit verbundene Wasserregulierung vor erneuten Beschädigungen der Bahn schützen. Natürlich mußte auch die Eisenbahn einen wesentlichen Beitrag zum Talsperrenbau leisten, galt es doch, gewaltige Mengen an Erdreich und Baumaterialien zu befördern. Dies war mit den vorhandenen Güterwagenkapazitäten nicht zu leisten, also mußte auch hier der Einsatz von aufgebockten Normalspurwaggons ermöglicht werden. Größtes Hindernis war der Tunnel, der demzufolge 1904 aufgeschlitzt wurde. Bis 1906 konnte die Gesamtstrecke für den Betrieb mit aufgebockten Güterwagen zugelassen werden.

Um den Einsatz und Betrieb dieser Rollfahrzeuge einmal zu verdeutlichen, soll hier die Vorschrift Nr. 199 der K.Sä.St.Eb. über die Benutzung der Rollfahrzeuge zitiert werden: „Die Beförderung von Vollspurwagen auf Schmalspurbahnen erfolgt auf Rollböcken oder Rollwagen. Die Rollböcke dienen in der Regel zur Beförderung zweiachsiger Vollspurwagen, derart, daß je eine Achse des Vollspurwagens von einem Rollbock aufgenommen wird. Die vierachsigen Rollwagen dienen zum Verladen von Vollspurwagen bis einschl. 4,5 m Radstand und bis

Engagierte Eisenbahner, die mit Liebe bei der Sache sind, sieht man bei den Schmalspurbahnen besonders häufig. Der Feststellung, daß aus dem Dreilicht-Spitzensignal der 99 1561-2 ein Zweilicht-Spitzensignal geworden ist, folgt der sofortige Austausch der Glühlampe. Und auch das Erscheinungsbild der 99 1780-8 erfährt mehr Aufmerksamkeit, als nach dem Dienstplan erforderlich wäre. Beide Aufnahmen sind nicht gestellt, sondern ganz alltäglich am 5. Oktober 1990 in Freital-Hainsberg erlebt. Fotos: Georg Wagner

25 t Gesamtgewicht." Ausgeschlossen sind von der Beförderung mit Rollfahrzeugen: „Wagen, die beladen sind mit Lokomobilen, Dampfkesseln, Umzugsgut, lebenden Tieren (ausschließlich Geflügel), Flüssigkeiten, ..." Des weiteren mußte der Betrieb mit Rollfahrzeugen bei starkem Wind generell eingestellt werden. Erwähnenswert ist in diesem Zusammenhang, daß auf der Brücke über den Stausee an der Ausfahrt Malter noch heute das seinerzeit vorgeschriebene Windschutzgitter montiert ist, welches ein Herunterheben der aufgebockten Fahrzeuge verhindern sollte.

Von 1912 bis 1914 wurde dann die Staumauer bei Malter errichtet, zuvor mußte jedoch die Bahn höhergelegt und der Bahnhof Malter neu errichtet werden. Auch der Streckenanschluß an die Schmalspurnetze von Wilsdruff und Mügeln war seit 1913 vollendet. Zwischen 1918 und 1924 nahm man das in der Straße verlegte Gleis zwischen Obercarsdorf und Buschmühle heraus, unter anderem auch wegen der geplanten Streckenerweiterung nach Moldau. Von dieser Stichbahn wurden 3,5 km fertiggestellt, der Weiterbau aber 1925 eingestellt. Letzte große Baumaßnahme war 1932 bis 1935 die Errichtung des neuen Bahnhofs in Kipsdorf.

Alle sächsischen Loktypen haben sich hier ein Stelldichein gegeben: Bis 1892 war die I k im Einsatz, es folgten 1885 die „Fairlie" des britischen Herstellers Hawthorn, 1889 die von Krauss gebauten Klose-Loks der Gattung III k, 1892 endlich die IV k. Jeweils direkt nach ihrer Anlieferung gelangten auch die VI k und die 99.73 – 76 auf diese Strecke. 1947 wurde hier auch der Prototyp der Gattung „Tp" für die sowjetische Staatsbahn getestet. Von 1960 bis 1962 beheimatete man hier mit den V 36 4801/02 erst- und letztmals Dieselloks auf einer erzgebirgischen Schmalspurstrecke. Heute bewältigen die Neubauloks der Reihe 99.77 – 79 gemeinsam mit den Einheitsloks den Gesamtverkehr.

Links: Das erste Mal gut im Licht liegt der morgendliche Güterzug N 66931 nach Schmiedeberg kurz vor Rabenau. Am 27. August 1988 bricht die 99 1786-5 mit diesem Zug ins Tageslicht – mit einem Zuggewicht von einer Tonne unter der Grenzlast. Es wäre ein Leckerbissen für alle Ton-Freaks gewesen! Foto: Jörg Lempe
Rechte Seite: Leichter hat es die 99 1789-9 mit dem Güterzug N 66932, der am 11. Oktober 1990 in der Gegenrichtung durch den morgendlich finsteren Rabenauer Grund talwärts rollt. Foto: Georg Wagner

Linke Seite: Schwerer als erlaubt war der Güterzug N 66931 am 26. März 1989. Mit Unterstützung durch die Vorspannlok 99 1724-5 müht sich die Zuglok 99 1783-2 bei Seifersdorf bergwärts. Foto: Jörg Lempe

Oben: Im Reisezugdienst sind die VII k-Lokomotiven selten bis an die Leistungsgrenze beansprucht. Umso eindrucksvoller sind dann die kraftvollen Anfahrten der Personenzüge, wenn es gilt, Fahrzeitverluste wettzumachen.

In Seifersdorf beschleunigt die 99 1790-7 am 10. Dezember 1989 ihren GmP 69913 entsprechend. Foto: Karl-Ernst Rentzsch

Linke Seite: Touristisches Ziel in der Region Dippoldiswalde ist die Talsperre in Malter, die bei ihrem Bau im Jahre 1912 eine Neutrassierung der Strecke im Abschnitt von Spechtritz nach Dippoldiswalde erforderlich machte. An ihrem Ufer entlang rollt am 15. Dezember 1989 der fast endlos lange Güterzug N 66932 mit seiner Zuglok 99 1790-7. Foto: Karl-Ernst Rentzsch

Rechts: Unweit des Bahnhofs Malter überquert die 99 1789-9 mit dem P 14255 am 11. Oktober 1990 einen Seitenarm des Sees. Auf der Westseite dieses Viadukts ist ein inzwischen etwas löcheriger Holzverschlag zu sehen, der die besonders seitenwindempfindlichen Rollwagengüterzüge vor starken Winden schützen soll. Foto: Georg Wagner

Links oben: Südlich von Dippoldiswalde verläuft die Strecke entlang der Hauptstraße durch stärker industriell genutztes Gebiet. Noch hat die Bahn hier Vorfahrt, zumindest am 9. April 1990, als die 99 1734-5 mit dem morgendlichen P 14255 am Ortsende an einer Schlange wartender PKW vorbeizieht. Foto: Oliver Wunder

Links unten: Wie sich die Zeiten ändern: Wenige Monate zuvor hätte das Fotografieren der polizeilichen Maßnahme in Ulberndorf zumindest eine mittlere Befragung, das öffentliche Ausstellen einer schwarz-rot-goldenen Fahne ohne Hammer und Zirkel sicherlich eine massive Amtshandlung ausgelöst. Am 16. Juli 1990, als der Güterzug N 66935 mit der 99 1761-8 die Szene passiert, ist nichts mehr davon zu spüren. Vorstellbar ist allerdings, daß den heute in ihrem mintgrünen Streifenwagen ohne VP-Kennzeichen vorüberfahrenden Ordnungshütern eine solche Flagge nicht mehr ins Auge springt. Möglicherweise nicht aus Gewöhnung, sondern weil sie angesichts der Massenarbeitslosigkeit und der ruinierten Wirtschaft längst eingeholt worden ist. Foto: Bernd Seiler

Rechts: Aufwendigster Kunstbau dieser Strecke ist der Ortsviadukt von Schmiedeberg, den am 6. Oktober 1990 ein Sonderzug mit den 99 1561-2 und 1606-5 überquert. Foto: Georg Wagner

Die Strecke Radebeul – Radeburg

„Für die Stadt Radeburg, dem natürlichen Mittelpunkte eines fast fünf Quadratmeilen großen, der Schienenwege noch entbehrenden Distriktes mit zahlreichen Dörfern, lebhaft betriebener Landwirtschaft und umfangreichen Waldungen, war die Nothwendigkeit einer Eisenbahnverbindung in der Richtung nach Dresden um so dringender hervorgetreten, als die von Dresden über Reichenberg und Moritzburg nach Radeburg führende Straße zum Theil äußerst ungünstige Steigungsverhältnisse besitzt und der Lößnitzgrund wegen der Beschaffenheit seiner Wege für den Frachtverkehr nach dem Elbthale nahezu unbenutzbar war." Damit hat Ulbricht in seiner 1889 erschienenen Denkschrift eigentlich schon alles gesagt. Im August 1883 wurden die Erdarbeiten ausgeschrieben, und schon am 19. September 1884 fuhr der erste planmäßige Zug von Radebeul in das 16,5 km entfernte Radeburg. Nicht uninteressant ist die Tatsache, daß die letzten schwebenden Enteignungsverfahren erst 1887, also drei Jahre nach der Eröffnung, abgeschlossen wurden.

Die Betriebseinnahmen entwickelten sich zur Zufriedenheit, schon bald stellte sich reger Ausflugsverkehr zu den Gärten und Teichen von Schloß Moritzburg ein. Das in Radeburg ansässige Schamottewerk entwickelte sich zum besten Kunden im Güterbereich, so daß 1901 ein 2,5 km langes Anschlußgleis in Betrieb genommen werden konnte. Entsprechend sah auch der Lokeinsatz aus. Die I k-Maschinen erhielten bald Zuwachs in Form der II k-Doppellok, dann der IV k, die schließlich den Gesamtverkehr übernahm. Da nur im Lößnitzrund eine größere Steigung zu bewältigen und die Linienführung ansonsten eben und nicht sehr kurvig war, müssen schon große Zuglasten für die Zuteilung der IV k maßgebend gewesen sein. Als 1924 der Betrieb mit Rollwagen aufgenommen wurde, erschienen die 99.64 – 71 und verdrängten alle anderen Typen.

Noch während des Ersten Weltkrieges erhielt Henschel den Auftrag, eine fünffach gekuppelte Heißdampflok für die Ostdirektion der Heeresfeldbahn zu entwickeln und zu fertigen. Insgesamt 15 dieser Maschinen befanden sich bei Kriegsende noch unvollendet in den Werkhallen. Die sächsische Staatsbahn – immer auf der Suche nach leistungsfähigen Schmalspurloks – erwarb die komplette Serie (Fabriknummern 16122 – 16136) und stellte sie im Jahre 1919 mit den Nummern 210 – 224 in Betrieb. Die Maschinen wiesen viele bereits früher erprobte und bewährte Baumuster der Heeresfeldbahnloks auf. Die Höchstgeschwindigkeit betrug

Linke Seite: Eines der charakteristischen Motive dieser Strecke ist der Damm durch den Dippelsdorfer Teich, den hier am 10. Oktober 1990 die 99 1793-1 mit dem P 14207 passiert. Im Hintergrund erkennt man das Schloß Moritzburg, das bedeutendste touristische Ziel der Region nordwestlich von Dresden. Foto: Georg Wagner
Rechts: Bedeutendstes Ziel für die Eisenbahnfreunde ist die Lok 99 713, die hier im Wechsel mit der grünen 99 539 vor den Traditionszügen eingesetzt wird. Am 7. Oktober 1990 nutzen die Eisenbahner die Zeit bis zur Abfahrt des Zuges in geselliger Runde. Foto: Georg Wagner

30 km/h bei 800 mm Raddurchmesser. Während die 2. und 4. Achse jeweils fest im Rahmen lagen, waren die 1., 3. und 5. Kuppelachse seitenverschiebbar nach dem System Gölsdorf gelagert. Trotz dieser für eine fünffach gekuppelte Lok enormen Beweglichkeit – der befahrbare Bogenlaufhalbmesser betrug 50 m - konnten die als VI k eingruppierten Maschinen auf zahlreichen Schmalspurstrecken nicht eingesetzt werden. Nur die Netze von Radebeul, Freital, Cranzahl, Zittau, Thum und Wilsdruff, letzteres mit Ausnahme des Abschnittes von Mügeln, boten die notwendigen Oberbaubedingungen. Alle Maschinen waren mit Rauchrohrüberhitzern der Bauart Schmidt ausgerüstet und besaßen werkseitig bereits eine Knorr-Luftdruckbremse mit Zusatzbremse für die Lok. Für die Bedürfnisse der sächsischen Schmalspurbahnen wurde dann noch die Körting-Saugluftbremse verbunden mit der Heberlein-Anlage angebracht.

Die Übernahme durch die DRG brachte dann auch die Baureihenbezeichnung 99 641–655. Die Loks bewährten sich im Betriebsalltag so gut, daß eine Nachbestellung erfolgte: So lieferte Henschel 1923 die 99 671–680 (F.-Nr. 19749–19758), 1924 die 99 681-683 (F.-Nr. 20224–20226), Hartmann in den Jahren 1925/26 die 99 684–695 (F.-Nr. 4646–4657), im selben Zeitraum die Maschinenbauanstalt Karlsruhe die 99 696–707 (F.-Nr. 2323–2334) und nochmals Hartmann die 99 708–717 (F.-Nr. 4665–4674) im Jahre 1927. Die 99 679–683 gingen fabrikneu an die Rbd Stuttgart, in späteren Jahren folgten dorthin noch sechs weitere Maschinen aus Sachsen. Nicht unerwähnt soll auch der an die VI k angelehnte Bau der württ. Ts 5 bleiben. Von dieser 1000-mm-Variante wurden vier Loks gebaut und als 99 191–194 eingereiht. Die VI k sollte bis zum Zweiten Weltkrieg weitgehend unbeachtet ihren Dienst versehen. Erst die Transportanforderungen in den „angeschlossenen" und besetzten Gebieten erbrachten eine neue Verteilung dieser Lokgattung. Zwei Maschinen – es waren die 99 643 und 647 – gelangten nach Umspurung auf 760 mm zu den Bahnen des Waldviertels und waren beim Bw Gmünd beheimatet, wo sie auch das Kriegsende erlebten. Vier Loks der sächsischen Netze verschlug es in die Sowjetunion, zwei davon kehrten nicht mehr zurück. Nach Kriegsende beschlagnahmte die sowjetische Militärkommandantur in dem von ihr kontrollierten Teil der DR insgesamt elf Loks der Reihe 99.64 – 71 und überführte diese 1946/47 zu heimischen Schmalspurbahnen. Weitere zwei Loks gingen als Reparationsleistungen an die tschechische Staatsbahn. 1949 waren der DR lediglich 26 Stück der VI k verblieben.

Da der Zustand und die Unterhaltung der Bahnstrecken auf dem Gebiet der DDR in den nun folgenden Jahren nur selten über den Zustand des bloßen Ausbesserns und Flickens hinauskam, was in besonderem Maße für die Schmalspurbahnen galt, ergaben sich für die hier eingesetzten Lokomotiven jeweils typische Schäden. Bei den 99.64 – 71 kam es durch die großen überhängenden Lasten bei der schlechten Gleislage zu häufigen harten Schaukelbewegungen, die wiederum Rahmenverbiegungen und -risse verursachten. Im Laufe der Jahre wichen die Stichmaße für das Gestänge – trotz regelmäßiger Wartung im RAW – soweit ab, daß die relativ lange Treibstange nicht mehr den Vorschriften entsprechend justiert werden konnte. Als dann auch die Kessel Ermüdungserscheinungen zeigten, entschloß man sich wie schon bei der IV k zur Rekonstruktion. Im Jahr 1963 erfolgte dann bei einigen Maschinen der Um- oder besser Neubau dieser Loktype im RAW Görlitz. Ausgesucht wurden 14 Maschinen, es waren dies die 99 648, 653, 654, 673, 678, 685, 687, 692, 694, 696, 703, 706, 713 und 715. Die Kessel entstanden nach den alten Bauzeichnungen – allerdings in Schweißtech-

Links: Auch hier gehört die Pflege der Lokomotive zu den freiwilligen Pflichten der Lokmannschaft. Vor dem sonntäglichen Einsatz wird am 7. Oktober 1990 im Betriebswerk in Radebeul das Triebwerk der 99 713 mit dem Spritzschlauch von Ölspritzern befreit. Foto: Georg Wagner
Rechte Seite: Das „Starportrait" der 99 713 nahm Manfred Weisbrod im Oktober 1979 im Bahnhof Friedewald Bad auf.

nik – zunächst im RAW Görlitz, später dann im RAW Cottbus. Größere Veränderungen im Vergleich zur Ursprungsversion sollte jedoch das gesamte Fahrwerk erleben: Im neu gefertigten Blechrahmen veränderte sich der Achsstand von ursprünglich 930 mm auf jetzt 1000 mm, was einerseits Abhilfe bei den Schaukelbewegungen versprach, andererseits aber auch ausreichend Platz für den Einbau der Einheitsbremsanlage der Baureihe 99.77 – 79 brachte. Treibachse wurde anstatt der 4. nun die spurkranzlos ausgeführte 3. Achse. Die 2. und 4. Kuppelachse waren nach beiden Seiten um 24 mm verschiebbar, dabei jeweils mit der fest gelagerten 1. bzw. 5 Kuppelachse durch Ausgleichshebel verbunden. Bedingt durch die anstehenden Streckenstillegungen wurde dieser Komplettumbau allerdings nur noch bei sieben Loks durchgeführt. Die anderen Maschinen erhielten lediglich neue Kessel, Wasserkästen und die Armaturen der Einheitsloks. Die heute noch erfreulicherweise als betriebsfähige Traditionslok vorgehal-

tene 99 713 ist eine dieser Teil-Reko-Loks (Kessel Nr. 10/1963 des RAW Cottbus), besitzt also noch ihr altes Fahrwerk. Lediglich die Wasserkästen sind durch Schweißkonstruktionen ersetzt worden. Bei ihrem RAW-Aufenthalt des Jahres 1991 soll die alte Form des Wasserkastens wiederhergestellt werden.

1927 begannen die Baumaßnahmen zur geplanten Streckenverlängerung nach Böhla an der Hauptstrecke Dresden—Berlin, wurden aber nach Errichtung der Station Radeburg Süd wieder eingestellt. Erst in den Jahren 1937-39 erfolgte die Neuverlegung dieses Abschnitts, jetzt allerdings zum Zwecke des Materialtransports zur Autobahnbaustelle. In diesem Zeitabschnitt erlebte die Strecke ihre höchste Zugfrequenz, denn allein die Materialzüge fuhren während des ganzen Tages im 30-Minuten-Takt. Der Abbau dieser Verbindung erfolgte erst nach dem Krieg. Im Sommer 1945 nahm die Bahn ihren Betrieb wieder unregelmäßig auf. Bis 1949 existierte nur ein Notfahrplan mit den verbliebenen zwei Loks, und auch dieser konnte oft wegen Kohlemangel oder Lokschäden nicht eingehalten werden — die Züge fuhren dann eben nicht. In den folgenden Jahren ging es zunächst wieder steil bergauf. 1969 erschienen die 99.77—79 von den stillgelegten Strecken von Thum und dem Trusetal. Bereits in den siebziger Jahren stand dann aber die Unrentabilität der Strecke fest, allein die täglichen Schamotteladungen konnten nicht per LKW abgefahren werden. Durch den Einsatz der schweren Neubauloks bei gleichzeitig vernachlässigter Streckenunterhaltung kam es zu schweren Oberbauschäden. Fast jedem anreisenden Eisenbahnfreund war es möglich, wieder einmal einen vom Rollwagen gestürzten Güterwagen an der Böschung oder in einem Vorgarten zu sehen. Da die Oberbauarbeiten zu kostspielig geworden wären, wurde die Stillegung dieser Strecke schon von den DDR-Behörden für Mitte der neunziger Jahre ins Auge gefaßt.

Linke Seite: Zwischen Radebeul Ost und dem Haltepunkt Weißes Roß verläuft die Strecke neben der Straße durch die westlichen Wohnviertel Radebeuls. Die 99 713 hat ihre Fahrt mit dem Traditionszug P 14238 am 7. Oktober 1990 gerade begonnen. Foto: Georg Wagner
Rechts: Dritte Reservelok für die Traditionszüge ist die 99 1561-2, die hier am 25. Juni 1989 mit dem morgendlichen P 14234 gerade aus dem Haltepunkt Lößnitzgrund ausfährt. Foto: Jörg Lempe

Links oben: Mit einem glücklicherweise rein grünen Zug ohne den das Gesamtbild verunstaltenden „Barwagen" ist die 99 713 am 1. Oktober 1989 bei Berbisdorf-Anbau im Traditionseinsatz. Foto: Jörg Lempe

Links unten: Noch dient diese Strecke auch dem Güterverkehr. Der planmäßige Güterzug N 66900 hat Radebeul am 7. Januar 1990 mit seiner Zuglok 99 1786-5 gegen 10.10 Uhr verlassen und bezwingt nun die Steigung hinter Friedewald Bad. Foto: Jörg Lempe

Rechte Seite: Der „traditionellste" Traditionszug der Strecke mit den restaurierten Wagen aus den Anfangsjahren verkehrt nur sehr selten. Am 23. Juni 1990 ist die Garnitur mit der als IV k 132 beschrifteten und lackierten Zuglok 99 539 hinter Friedewald Bad zu sehen. Foto: Georg Wagner

Die Strecke Zittau – Bertsdorf – Oybin/Jonsdorf

In den siebziger Jahren des vorigen Jahrhunderts wünschten die Gemeinden und Industriebetriebe des Zittauer Gebirges den Anschluß ihres Gebietes an die Eisenbahn. Neben der Güterabfuhr aus den zahlreich betriebenen Braunkohlegruben erschien auch die Personenbeförderung in der Region als dringend reformbedürftig. Mangelnde Kapazitäten im Postkutschenverkehr und die von Pferde- und Ochsengespannen verstopften Straßen (das gab es auch damals schon) zwangen zum Handeln. Für den östlichen Teil des Gebirges ging diese Forderung im Jahre 1884 mit der Inbetriebnahme der Schmalspurbahn Zittau – Markersdorf in Erfüllung. An die Erschließung des westlich davon gelegenen Gebietes jedoch dachte die sächsische Staatsbahn nicht, hatte sie doch dringlichere Projekte zu finanzieren. So entschloß man sich zu einem in Sachsen einmaligen Schritt: die Konzessionserteilung an eine private Gesellschaft. Dennoch beabsichtigte man nicht, der Sache freien Lauf zu gewähren. Bedingungen für die Erteilung waren z. B. die Vorschrift, die geplante Bahn nach den Normalien der Staatsbahn zu errichten bzw. selbiger auch die Betriebsführung zu überlassen. Der Bau begann im Juni 1889 am Abzweig Neißebrücke der Markersdorfer Linie, deren Strecke bis hierher mitbenutzt werden durfte.

Am 5. November 1890 konnte die ZOJE (Zittau-Oybin-Jonsdorfer-Eisenbahn) die 12,2 km lange Strecke nach Oybin und am 25. November 1890 den 3,9 km langen Abzweig Bertsdorf – Jonsdorf in Betrieb nehmen. Das Verkehrsaufkommen war von Anfang an größer als erwartet. Nachdem 1894 der Rollbockbetrieb aufgenommen werden konnte, wurden freigewordene Güterwagen kurzerhand im Personenverkehr eingesetzt, was den Unmut der Reisenden hervorrief. Erst am 1. Juli 1906 erwarb die Staatsbahn die ZOJE. Sofort ging man an die Erneuerung der Bahnanlagen, viele der heutigen Bauten sind erst unter Staatsbahnregie entstanden. In den folgenden Jahren entwickelte sich das Zittauer Gebirge zum beliebten Naherholungsgebiet. Zunächst wurden, um die Personenzüge zu beschleunigen, reine Güterzüge anstatt der GmP eingeführt. Es folgten – und das ist für eine Schmalspurbahn einmalig – Eilzüge. Am 15. April 1913 begann die Aufnahme des zweigleisigen Betriebes zwischen Zittau Vorstadt und Oybin. An Wochenenden wurde jetzt im 10-Minuten-Takt gefahren! Natürlich waren gleichzeitig alle Bahnhöfe mit Signalanlagen ausgerüstet worden. Die Deutsche Reichsbahn baute das Signalwesen weiter aus und errichtete modernste Anlagen wie z. B. 1938 das Stellwerk in Bertsdorf. Während der Kriegsjahre sank das Verkehrsaufkommen unweigerlich, der zweigleisige Abschnitt wurde stufenweise 1943 – 45 rückgebaut. Erst in den fünfziger Jahren nahm der Personenverkehr wieder zu, erreichte aber trotz zeitweiligem Einsatz von Zusatzzügen seinen Vorkriegsstand nicht mehr.

Die Triebfahrzeuge entsprachen voll den jeweiligen Anforderungen. Anfangs waren fünf Loks der Gattung I k eingesetzt, 1909 – mit der Übernahme der Bahn – kamen sofort IV k zum Einsatz. Als Exot erschien 1913 eine II k-Doppellok, entstanden aus dem Zusammenbau zweier I k. Jeweils sofort nach der Lieferung gelangten 1920 die VI k und ab 1928 die Einheitsloks der Baureihe 99.73 – 76 nach Zittau. Deren Ursprung lag in den Verkehrsanforderungen, die in der Zeit nach dem Ersten Weltkrieg

Linke Seite: Mit einer kompletten Garnitur noch nicht durch die Rekonstruktion im RAW Perleberg modernisierter Wagen verläßt die Altbau-VII k 99 1749-3 am 24. Juni 1990 den Bahnhof Olbersdorf Oberdorf. Foto: Georg Wagner

Links oben: Wegweiser auf dem Bahnhofsvorplatz in Zittau. Foto: Georg Wagner

Rechts: Der Traum jedes Eisenbahnfreundes: Das Haus an der Dampfbahn! Während drinnen die Fahrpläne studiert werden, dampft draußen der Zug nach Jonsdorf durch die Winterlandschaft. Foto: Wolfgang Matussek

Lokparade im Schmalspur-Teil des Betriebswerks Zittau: Am 15. Mai 1990 präsentieren sich die 99 1758-4, 1757-6, 1762-6 und 1776-6 vor und neben dem Lokschuppen. Foto: Wolfgang Schimmeyer

auf die Schmalspurbahnen in Sachsen zukamen. Stand bei der Personenbeförderung zunächst das Pendeln der Berufstätigen zwischen Wohn- und Arbeitsplatz bzw. die Fahrten der Landbevölkerung zum jeweiligen Marktplatz im Vordergrund, so kam jetzt erstmalig ein Ausflugsverkehr größeren Ausmaßes hinzu. Dieser bedeutete aber auch die notwendige Beschleunigung der Züge, denn welcher Reisende wollte schon den ganzen Tag bei Fahrten mit dem GmP verbringen? Auch die Lasten der Personenzüge stiegen beständig an. Gleichzeitig hätten langsame Güterzüge, wie schon in den Jahren davor, die Strecke auch nicht durchlässiger für die zusätzlichen Leistungen gemacht. Also mußten wieder neue Lokomotiven her! Zur Debatte stand nach Maßgabe der DRG jedoch kein Nachbau bereits erprobter Typen, sondern eine Einheitslok.

Die ersten Maschinen wurden 1928 abgeliefert. Es waren die 99 731 – 743 (Hartmann 4678 – 4687 und 4691 – 4693), die der sächsischen Eisenbahntradition entsprechend auch VII k genannt wurden. Der Kessel war mit 1400 mm Durchmesser nichts anderes als ein verkleinerter Einheitskessel, entsprechend war auch die Anordnung der Dome und Sandkästen. Abweichend war lediglich der ovale Kamin, der seine Form durch die mitangegossenen Abdampfröhren der Lichtmaschine und der Kolbenpumpe erhielt. Novum für Schmalspurloks waren in jedem Falle der Oberflächenvorwärmer sowie der Kipprost. Der Rahmen wurde in Barrenbauweise ausgeführt. Die Vor- und Nachlaufachsen waren in Bisselgestellen mit 120 mm Ausschlagsmöglichkeit zu jeder Seite gelagert und mit den Kuppelachsen durch Längsausgleichshebel verbunden. Das Treibrad hatte einen um 10 mm geschwächten Spurkranz, die 2. und 5. Kuppelachse war um 6 mm seitenverschiebbar. Bei 800 mm Raddurchmesser betrug die zulässige Höchstgeschwindigkeit 30 km/h. Durch den Achsstand von 1000 mm war es möglich, Bremsklötze mit Hängeeisen unterzubringen – auch das ist sicherlich auf die geforderte Angleichung an die Einheitsloks zurückzuführen. Logischerweise war die Bremse dann auch als Luftdruckbremse konzipiert, der Körting-Luftsauger und die Heberlein-Bremse für den Zug durften natürlich nicht fehlen. Um einen doppelten

Bremsvorgang für Lok und Zug zu vermeiden, gelangte erstmals ein Steuerventil zum Einbau, welches bei Betätigung der Zugbremse automatisch das Druckluftzusatzbremsventil betätigte. Die erste Lieferserie von 1928 hatte zudem noch eine Riggenbach-Gegendruckbremse, die jedoch später wieder ausgebaut wurde. Erwähnenswert sind noch die nach dem gleichen Gußmodell gefertigten Zylinder, es gab also keinen „rechten" oder „linken" Zylinder mehr. Bereits 1929 folgte die nächste Serie, diesmal von Schwartzkopff geliefert. Es waren dies die 99 744 – 750 (F.-Nr. 9533 – 9539). Eine Nachbestellung ging ebenfalls wieder an Schwartzkopff, und so entstanden 1933 noch die 99 751 – 762 (F.-Nr. 10142 – 10153). Die Loks dieser letzten Serie besaßen statt des Oberflächenvorwärmers einen Friedmann-Abdampfinjektor. Das System konnte aber offensichtlich nicht überzeugen, denn schon nach wenigen Jahren erhielten auch diese Maschinen nachträglich einen Vorwärmer.

Wie schon bei der 99.64 – 71 waren auch die Einheitslok in ihrem Aktionsradius an bestimmte Schmalspurstrecken gebunden und überstanden dort alle den Krieg. Zehn Lokomotiven wurden in die UdSSR abtransportiert, sechs Loks 1946 ausgemustert und zerlegt. Die Vermutung liegt nahe, daß dies nur zur Ersatzteilgewinnung geschah. Bis 1967 ereilte weitere sechs Maschinen dasselbe Schicksal. Als Einheitslok zeigten die 99.73 – 76 natürlich auch deren Schwächen: Der Kesselstahl erwies sich als stark alterungsgeschädigt. Insgesamt zehn Loks erhielten gegen Ende der fünfziger Jahre Nachbaukessel der RAW Görlitz und Cottbus. Einen Originalkessel besitzen heute nurmehr die 99 741, 758, 760 und 762, die zehn umgebauten Loks sind dagegen noch im Einsatz.

Abschließend sei noch erwähnt, daß die Bulgarische Staatsbahn ebenfalls fünf Loks dieser Type von Schwartzkopff erhielt. Bei dieser 1940 gelieferten Serie war neben der Spurweite von 760 mm lediglich der Achsstand um 50 mm erweitert. Eine weitere Serie lieferte nach dem Krieg übrigens die polnische Lokfabrik Chrzanov.

Mit dem Abnehmen des Verkehrsaufkommens gelangten erstmals auch Triebwagen der Reihe VT 137.3 in die Oberlausitz. Diese Fahrzeuge konnten jedoch nicht überzeugen, ein letzter war bis 1964 im Einsatz und gehört heute zum Traditionspark. Letzter Zugang war die 99 4532, die 1963 hier erschien und als einzige „Ausländerin" in Sachsen gelten darf. Diese 750-mm-Lok mit dem Spitznamen "Bügeleisen" stellt ein Kuriosum auf dem Zittauer Netz dar. Im Jahre 1924 wurde sie von Orenstein & Koppel an die thüringische Trusetalbahn geliefert und dort als Lok „Trusetal" in Dienst gestellt (F.-Nr. 108044). Sie ist eine Nachbestellung der bereits seit 1908 von der gleichen Bahnverwaltung eingesetzten Lok „Glück Auf", die nach Übernahme durch die Reichsbahn 99 4531 heißen sollte. Die Maschine besitzt einen für deutsche Bahnen recht untypischen Außenrahmen, in dem die vier angetriebenen Achsen gelagert sind. Die 1. und 4. Kuppelachse waren sogenannte Klien-

Inzwischen nicht mehr im Einsatz ist die langjährige Zittauer Verschub-Lokomotive 99 4532-0, die hier am 28. September 1978 im Bahnhofsbereich zu sehen ist. Foto: Georg Dollwet

Lindner-Hohlachsen, die für die nötige Kurvengängigkeit sorgten. Beide Maschinen wurden 1962 auf Grund ihrer geringen Leistung von nur 150 PS sowie ihrer kostspieligen Unterhaltung abgestellt. Eine weitere Verwendung war offensichtlich nicht mehr vorgesehen, das im gleichen Jahr erschienene Merkbuch der Triebfahrzeuge sah diese Loktype schon nicht mehr vor. Eklatanter Lokmangel auf Rügen jedoch muß die DR veranlaßt haben, eine Maschine wieder in Gang zu bringen. Die 99 4532 wurde ihrer Hohlachsen beraubt, statt dessen erhielt sie die 2. und 3. Achse der 99 4531, wodurch ein zukünftiger Streckeneinsatz wegen der jetzt starr sitzenden Achsen von vornherein ausschied. Schon 1963 wußte man auf Rügen nichts mehr mit der Lok anzufangen und gab sie nach Zittau ab. Hier allerdings war dann die „Planung" perfekt:

Nicht nur ein Streckeneinsatz fiel aus oben genannten Gründen generell aus, auch zum Bremsen von Waggons war die Lok nicht fähig, da sie ja immer noch ausschließlich ihre Druckluftbremse besaß. Ein Umbau auf Saugluft erfolgte erst später, aber ohne das beim Zittauer Netz übliche Anstellventil. Umso erstaunlicher ist, daß sie in Zittau noch über zwei Jahrzehnte lang den Rangierdienst versah. Derzeit ist die Lok wegen Fristablauf abgestellt. An eine neuerliche Aufarbeitung ist wegen arger Kesselschäden kaum zu denken.

Das heutige Erscheinungsbild der Traktion wird ausschließlich von den Einheitsloks bestimmt. Schon seit Mitte der siebziger Jahre wurde über die Einstellung der Bahn gemunkelt. Ausschlaggebend war der miserable Oberbauzustand. Dies hatte jedoch seinen Grund darin, daß sich der Braunkohletagebergbau von Olbersdorf langsam an die Strecke heranfraß. Seitens der politisch Verantwortlichen wurde der Kohlegewinnung Priorität eingeräumt und der Streckenabriß trotz der durchschnittlich 360000 Fahrgäste pro Jahr in Kauf genommen. Rekonstruktionsmaßnahmen unterblieben, da im Jahr 1990 die Schließung erfolgen sollte. Mit dem neu gewonnenen Selbstverständnis jedoch verstanden es die Bewohner der Anliegergemeinden, sich massiv für den Erhalt der Strecke einzusetzen. Der Abriß und die geplante Neuverlegung als Straßenbahn — angesichts der Beförderungszahlen ein zum Scheitern verurteiltes Projekt — konnten vermieden werden. Statt dessen wurde im Herbst 1990 der Abschnitt von Zittau bis Jonsdorf gründlich saniert. Da die DB kaum Wert auf diese Strecke legen dürfte, sie andererseits aber jetzt einen intakten Oberbau aufweist und einen nicht unbedeutenden Beitrag zum Personennahverkehr leistet, ist — so sollte man hoffen — eine Übernahme durch die Kommunen oder das Land Sachsen ein Gebot der Stunde.

Links: Die Sicht auf die zahlreichen Schmierstellen beim Abölen des Triebwerks im dunklen Lokschuppen von Zittau erleichtert sich die Mannschaft der 99 1731-1 am 31. Dezember 1990 durch eine Pechfackel. Foto: Georg Wagner
Rechte Seite: Blick auf das rechte Triebwerk der 99 1758-4 am 31. Dezember 1990. Foto: Georg Wagner

Linke Seite: Das einzige größere Brückenbauwerk im Zittauer Schmalspurnetz ist die Talüberquerung zwischen Olbersdorf Niederdorf und Oberdorf, die am 31. Dezember von der 99 1735-2 mit dem Zug 14180 nach Oybin befahren wird. Auch dieser Zug ist komplett aus noch nicht rekonstruierten Wagen gebildet. Foto: Georg Wagner

Oben: In der Steigung hinter dem Bahnhof Zittau Vorstadt läßt die 99 1758-4 mit dem P 14184 nach Oybin am 31. Dezember 1990 die Stadtsilhouette von Zittau hinter sich. Foto: Georg Wagner

Links: Bis in die Einfahrt des Abzweigbahnhofs Bertsdorf liegt die Strecke in der Steigung, so daß bis an den Bahnsteig voll gefahren werden muß. Die durchgehenden Züge nach Oybin — hier am 1. Januar 1991 der P 14084 — unterqueren dabei das originelle Verbindungsdach zwischen Empfangsgebäude und Bahnsteig. Originell besonders deshalb, weil der Verbindungsweg zum Bahnsteig unmittelbar vor dem Dach unter freiem Himmel verläuft. Foto: Georg Wagner

Rechte Seite:
Links oben: Der Alptraum des Wagenmeisters: Die Dampfheizleitung ist undicht, er hat aber keine Ersatzdichtungen. Foto am 31. Dezember 1990 in Zittau: Georg Wagner

Rechts oben: Ob es wegen der fehlenden Dichtung im Wagen nicht richtig warm wird? Foto: Wolfgang Matussek

Links unten: Bei den in Bertsdorf wendenden Zügen von Jonsdorf oder Oybin zieht der Aufsichtsbeamte gelegentlich selbst die Handschuhe zum Abkuppeln an. Foto am 1. Januar 1991: Georg Wagner

Rechts unten: Sechs mal am Tag stehen in Bertsdorf zwei ins Gebirge fahrende Züge nebeneinander — einer in Richtung Jonsdorf, der andere nach Oybin. Am Nachmittag des 1. Januar 1991 ist die Ausfahrt für beide Züge, angezeigt durch die leuchtenden Buchstaben „F" und „H" am Stellwerk, freigegeben, der Aufsichtsbeamte gibt der 99 1735-2 mit dem P 14184 nach Jonsdorf den Abfahrbefehl. Foto: Georg Wagner

Oben: Dieselbe Situation vom Stellwerk aus gesehen: Am 17. Oktober 1989, dem letzten Amtstag von Erich Honekker, stehen die 99 1759-2 und 1758-4 mit den Zügen 14488 nach Jonsdorf und 14088 nach Oybin abfahrbereit im Bahnhof Bertsdorf. Die Heizer haben ihre Vorbereitungen für die anstrengende Fahrt ins Zittauer Gebirge offensichtlich bereits getroffen. Foto: Rainer Heinrich

Rechte Seite: Vom Stellwerksfenster bietet sich am Abend des 30. Dezember 1990 die Gelegenheit zu einer fotografischen Impression mit den 99 1735-2 und 1749-3 vor den Zügen P 14488 und P 14088. Foto: Georg Wagner

Links: Kalt ist es am Morgen des 31. Dezember 1990. So zeichnet sich der Auspuffdampf deutlich in der klaren Luft ab, als die 99 1731-1 mit dem P 14074 bei der Ausfahrt aus dem Haltepunkt Oybin Niederdorf beschleunigt. Foto: Georg Wagner

Rechte Seite: Gut eineinhalb Jahre zuvor, am 1. Mai 1989, hat die 99 1731-1 die Bespannung des P 14484 nach Oybin übernommen. Kurz vor dem Zielbahnhof passiert sie einige Kraftfahrzeuge, die wenige Monate später von bundesdeutschen Journalisten zum „Auto des Jahres" gewählt werden sollten. Foto: Wolfgang Matussek

Linke Seite: Unmittelbar bei Sonnenaufgang ist am 31. Dezember 1990 die 99 1758-4 mit dem P 14174 in der Steigung zwischen Zittau Vorstadt und Olbersdorf Niederdorf zu sehen. Foto: Georg Wagner

Oben: Durch die klare Vollmondnacht des 1. Januar 1991 zieht die 99 1735-2 den letzten Zug dieses Tages nach Jonsdorf. Kurz vor Jonsdorf Haltestelle überquert der P 14490 die Hauptstraße. Foto: Georg Wagner

Das Reichsbahn-Ausbesserungswerk Görlitz

In der Werkabteilung des 1909–1911 erbauten Bw Schlauroth, das zur Länderbahnzeit genau an der Schnittstelle zwischen der preußischen und der sächsischen Staatsbahn lag und ab 1925 — nun zur Reichsbahndirektion Breslau gehörend — als westlicher Endpunkt der elektrifizierten Strecke nach Breslau und ins Riesengebirge für den Einsatz der Elektrolokomotiven sorgte, wurden im Jahr 1948 neben zahlreichen Normalspurloks die ersten acht Schmalspurdampflokomotiven ausgebessert. Im Jahr darauf waren es bereits 65. Nach der Verlagerung der Untersuchung von Normalspurdampflokomotiven in andere Werke verblieb dem am 1. Januar 1950 gegründeten RAW Schlauroth die Aufarbeitung der Schmalspurdampflokomotiven als Hauptaufgabe. Der damalige Bestand umfaßte 263 Lokomotiven in 47 Baureihen und vier Spurweiten (600 mm, 750 mm, 900 mm, 1000 mm), die ältesten von ihnen aus dem Jahr 1887. Sie verkehrten auf den immerhin 37 noch betriebenen Schmalspurstrecken der DR. Trotz des Zugangs der Neubaulokomotiven des VEB „Karl Marx" Babelsberg in den Jahren 1952–1956 sank jedoch die Zahl der zu betreuenden Lokomotiven besonders in den sechziger Jahren stetig ab, so daß das ab dem 8. September 1955 als RAW „Deutsch-sowjetische Freundschaft" Görlitz bezeichnete Werk weitere Aufgaben übernehmen konnte. Seit 1966 werden hier die Lok-Transportwagen, seit 1967 Rollfahrzeuge und Rollböcke ausgebessert. Ab 1978 kam als zweite Haupt-Produktionslinie die Fertigung der „Dreikraftbremse", einer Gleisbremse für den Einsatz in Rangierbahnhöfen, hinzu. Seit der Wende ist die Zukunft beider Arbeitsbereiche und damit die Existenz des Werkes und seiner etwa 500 Arbeitsplätze gefährdet. Der nachfolgend vom Produktionsdirektor des RAW Görlitz, Herrn Ing. Magnus Bauch, geschilderte Ablauf der Hauptuntersuchung einer IV k ist in Anbetracht dieser Umstände möglicherweise schon bald Vergangenheit:

Die Hauptuntersuchung einer IV k-Lokomotive im RAW Görlitz

Wie alle anderen Schmalspur-Dampflokomotiven, so werden auch die Lokomotiven der Baureihe IV k (99.51-60) regelmäßig dem RAW Görlitz zur Instandhaltung und im besonderen Fall zur Bedarfsausbesserung zugeführt. Bei den planmäßigen Untersuchungsintervallen wird zwischen den Instandhaltungsstufen L5, L6 und L7 unterschieden. Den geringsten Arbeitsumfang hat dabei die jährliche L5, die sich im wesentlichen auf die Überprüfung und Instandsetzung von Triebwerk, Laufwerk, Armaturen, Bremse und Ausgleich beschränkt. Nach zwei L5-Untersuchungen folgt im dritten Jahr eine L6, die auch eine Kesselrevision einschließt. Alle sechs Jahre steht die Lok dann zur L7 an, der umfangreichsten Instandhaltungsstufe, bei der die Lokomotive vollständig demontiert wird. Über den Arbeitsablauf bei einer solchen L7 soll im folgenden Text berichtet werden.

Die Arbeitsvorbereitung
Bereits vor dem Eingang der Lokomotive im Ausbesserungswerk erlaubt ein Blick in die Lokwerkkartei, in der für jede einzelne Lokomotive Datenblätter für die Haupt-Baugruppen Kessel, Rahmen, Radsätze, Steuerung und Aufbauten geführt werden, die Einplanung bestimmter, bereits bei der letzten Untersuchung festgelegter Arbeiten. Sollte beispielsweise die Radreifenstärke bei der vorangegangenen L5 nur knapp über dem erforderlichen Werkgrenzmaß gelegen haben, so ist in der entsprechenden Karteikarte vorgemerkt, daß bei der nächsten Untersuchung eine Neubereifung erfolgen muß. Nachdem die Lokomotive das RAW auf einem Spezialtransportwagen erreicht hat, überprüft sie der Arbeitsaufnehmer auf die Vollständigkeit und vermerkt besondere und außergewöhnliche Schäden am Triebfahrzeug. Diese Voraufnahme bildet nun zusammen mit der Vormeldung der Dienststelle über die nicht sichtbaren und besonders die nur unter Dampf erkennbaren Schäden sowie den Angaben in der Lokwerkkartei die Grundlage für die Auftragserteilung durch die Produktionsvorbereitung, die unter Berücksichtigung der Dienstvorschriften, weiterer Rechtsvorschriften wie den ASAO (Arbeitsschutzanordnungen) und ABAO (Arbeits- und Brandschutzanordnungen) für den technologischen Ablauf, den TGL (Technische Güte- und Lieferbestimmungen) für Materialien, Toleranzen, Spiele bei der Bearbeitung sowie den technischen Dokumentationen und Zeichnungen erfolgt. Erst danach wird die Lokomotive auf einem Hebewerk abgeladen und entsprechend den Arbeitsaufträgen demontiert.

Die Demontage, Reinigung und Arbeitsaufnahme
Zunächst werden die mechanische Bremse und die Treib-, Kuppel- und Schwingenstangen demontiert, die Achsstellkeile und Achsgabelstege gelöst und die Radsätze mit Hilfe des Hubwerkes ausgefahren. Die nun radsatzlose Lokomotive wird auf einem Spezial-Untersetzwagen abgesetzt, mit dessen Hilfe sie während dem bevorstehenden technologischen U-Fluß transportabel bleibt. Der Begriff „U-Fluß" verdeutlicht den Durchlauf in der Görlitzer Werkstatt entsprechend einem „U", dessen linker Schenkel dem Bereich der Demontage, der rechte dem Wiederaufbau entspricht. Die Demontage wird fortgesetzt mit dem Ab- und Ausbau aller Tauschteile, die zentral in anderen Ausbesserungswerken aufgearbeitet werden. So ist das RAW Zwickau für die Kesselsicherheitsventile, Manometer und Tragfedern, das RAW Dresden für die Bremsarmaturen, Manometer und Luftschläuche, das RAW Leipzig für die Dampfstrahlpumpen und Lichtmaschinen, das RAW Stendal für die Schmierpressen und Ölsperren zuständig. In weiteren Demontageschritten werden Federung und Ausgleichshebel, innere und äußere Steuerung, Luftbehälter und Bremszylinder, Zug- und Stoßvorrichtungen, alle Rohrleitungen einschließlich der Heizung und der Fahrzeugelektrik, die Rauchkam-

In der Richthalle des RAW Görlitz stehen am 9. Oktober 1990 eine Zittauer 99.73-76 und die Wernigeroder 99 7247-2 einträchtig nebeneinander. Die Harzlokomotive wird gerade auf ihre Radsätze abgesenkt. Foto: Georg Wagner

mereinrichtung und die gesamten Aufbauten wie Führerhaus, Wasserkästen, Kohlenkasten und Sandkasten abgebaut. Danach wird der Kessel gelöst, mittels eines Kranes abgehoben und auf einem weiteren Untersetzwagen abgestellt. Der Abbau des Aschkastens, der Feuertür, des Schornsteins, der Rostlage, aller restlichen Rohrleitungen, Armaturen und der gesamten Kesselverkleidung sowie das Öffnen des Domes schließen die Demontage im Bereich des Kessels ab.

Parallel dazu wird der Oberrahmen abgehoben, auf den Drehgestellen abgesetzt und die restlichen Teile wie Ausströmung, Bodenblech, Lastenausgleich und Bremswellen ausgebaut. Alle demontierten Teile werden mit der Loknummer gekennzeichnet bzw. auf die gültige Zeichnung kontrolliert. Während nun alle Kleinteile einschließlich der Radsätze in einem Abkochbottich bei 80 Grad in mit Reinigungsmittel gemischtem Wasser abgekocht und anschließend abgespritzt werden, erfolgt nach einer Vorreinigung von Hand das Reinigen der Großteile wie Kessel, Aschkasten, Oberrahmen, Drehgestelle, Wasser- und Kohlenkasten, Führerhaus, Sandkasten und Seitenwände in der Freistrahlanlage mit Basaltgranulat. Die gereinigten Teile werden den jeweiligen Aufarbeitungsbrigaden zugeführt und vom Arbeitsaufnehmer geprüft. Nach einer ersten Vermessung der wichtigen Bauteile wie Kessel, Rahmen, Drehgestelle, Radsätze, Achslager, Treib- und Kuppelstangen sowie bestimmter Teile der inneren und äußeren Steuerung beginnt die Erneuerung oder Aufarbeitung aller Teile.

Die Aufarbeitung des Dampfkessels
Beim Kessel erfolgt die Arbeitsaufnahme unter der Kontrolle und nur mit der Entscheidung des Revisionsberechtigten für Dampf- und Drucktechnik. Dazu sind allerdings vorher noch die Heizrohre, alle Waschluken, defekte Stehbolzen und andere Verankerungen sowie, wenn erforderlich, weitere defekte Bauteile wie die Rauchkammer, die Rauchkammertür, die Feuerbüchsrohrwand, die Seitenwandflicken oder der Bodenring auszubauen. Danach wird der nun zugängliche Kessel von innen in

Auf den Demontagegleisen wird am 2. Januar 1991 eine VII k-Lokomotive in ihre Hauptbauteile zerlegt. Unlösbare Schraubverbindungen werden mit dem „Universalschlüssel" bearbeitet. Foto: Georg Wagner

der Freistrahlanlage gereinigt. Wenn keine Großteilerneuerung am Kessel geschieht wie z. B. der Ersatz der Feuerbüchse, der Rauchkammer, des Steh- oder des Langkessels, dann werden in der Regel eine neue Feuerbüchsrohrwand oder ein -rohrwandspiegel eingeschweißt oder Fensterflicken in der Feuerbüchse oder dem Stehkessel eingesetzt. Es folgt gewöhnlich ein kompletter Stehbolzenwechsel und der Wechsel weiterer Verankerungen wie Deckenstehbolzen, Quer- und Bodenanker, die Prüfung der Festpunkte der Kesselbefestigung, das Röntgen der Schweißnähte, die Aufarbeitung der Rauchkammer und des Bodenrings. Danach werden die in der Zwischenzeit aufgearbeiteten oder erneuerten Teile der Grob- und Feinausrüstung, also die Heizrohre, die Rauchkammer, die Feuer- und Rauchkammertür, die Armaturen wie Regler, Wasserstand, Kesseldruckmesserhahn, Manometer, Schlammabscheider, Armaturstutzen, Sicherheits-, Anstell- und Steuerventile wieder angebaut, die Waschluken und der Dom geschlossen, der Kessel mit Wasser gefüllt, entlüftet und zur Kaltdruckprobe mit dem 1,3fachen des zulässigen Kesseldruckes dem Revisionsberechtigten zur Prüfung und Abnahme vorgestellt. Nach der Wasserdruckprobe erfolgt noch eine Warmdruckprüfung unter Dampf, welche vom Kesselschmiedemeister abgenommen wird. Dazu war der Einbau des Kipprostes und der weiteren Rostlage notwendig. Anschließend wird der Kessel isoliert, eingekleidet und zur Aschkastenmontage und dem Kesselsetzen auf den Rahmen vorbereitet.

Die Aufarbeitung des Oberrahmens und der Drehgestelle

Aus der bereits geschilderten ersten Messung während der Arbeitsaufnahme ergibt sich oft die Notwendigkeit, Festpunkte für die Federung, den Ausgleich, die Bremse, die Drehgestelle, die Steuerung oder die Zylinderlage zu korrigieren. So werden bei der Aufarbeitung des Oberrahmens und der Drehgestelle deformierte Teile gerichtet, lose Teile, Risse und Flicken genietet oder geschweißt. Parallel dazu wird die Aufarbeitung von Achslagerführungen und Achsgabelstegen, der Zug- und Stoß-

Nach dem Abbau des Gestänges, der Achsgabelstege, des Ausgleichs und Teilen der Bremsanlage wird die Lok angehoben. Jetzt können die Radsätze herausgerollt werden. Foto am 9. Oktober 1990: Georg Wagner

Oben: Im Bereich der Kesselschmiede stehen am 27. November 1990 die Kessel der 99 1539-8, 1746-9, 1747-7 und 1713-9. Bei der 1539-8 sind die Stehbolzen außen bereits zum Ausbau abgebrannt, innen geschieht dies gerade. Sie werden dann mit dem Preßlufthammer herausgeschlagen. Foto: Bernd Seiler

Rechte Seite: Die 99 1574-5 wartet am 9. Oktober 1990 auf die weitere Demontage. Gestänge und Radsätze, Bremse und Ausgleich sowie die Kesselarmaturen sind bereits entfernt, jetzt können Führerhaus und Kessel abgehoben werden. Foto: Georg Wagner

Mit vereinten Kräften und dem schweren Preßlufthammer werden am 2. Januar 1991 die bereits abgebrannten Nieten am Kessel einer 600-mm-Feldbahnlokomotive durchgetrieben. Bei dieser Kesselrevision handelt es sich um einen Auftrag, den das RAW Görlitz für Eisenbahnfreunde aus Frankfurt/Main ausgeführt hat. Foto: Georg Wagner

Wuchtige Schläge sind erforderlich, um in der neu angefertigten Feuerbüchse für eine VII k-Lokomotive die Körnungen für die Bohrlöcher der Stehbolzen und Deckenanker anzubringen. Foto am 2. Januar 1991: Georg Wagner

vorrichtungen einschließlich der Mittelkupplung, der Kesselbefestigung, der Drehgestellführung und des Lastenausgleichs sowie die Instandsetzung der Dampfzylinder durchgeführt. Nach dem Abschluß aller Arbeiten und der Montage der ersten Bauteile wie Aus- und Umströmung, Steuerwelle und teilweise der Einströmung bekommt der Rahmen einen Rostschutzgrund- und einen -deckanstrich. Danach wird der Kessel aufgesetzt und die 2. Messung des Rahmens kann beginnen. Sie bildet eine wesentliche Grundlage für die weitere Aufarbeitung der Radsätze, Achs- und Stangenlager und bestimmter Teile der Steuerung wie Gleitbahnen, Kreuzkopf, Steuerwellen- und Schwingenlager.
Der sich anschließende Aufbau der Lokomotive bis zum Radsatzeinbau verläuft wie folgt: Montage von Bodenblech, Kohlenkasten, Führerhaus und Seitenwänden, Verlegen der ersten Rohrleitungen wie z. B. Sandrohre, restliche Einströmung und Ölleitungen, Anbau der noch fehlenden Armaturen wie Dilling, Dillingumstellhahn, Dampfläutewerk und Dampfpfeife sowie erster Tauschteile (Schmierpresse, Dampfstrahlpumpen, Lichtmaschine, Bremsarmaturen und Manometer). Nach dem Einbau einiger Teile der äußeren Steuerung schließt sich die Montage der seitlichen Wasserkästen, der Sandkästen, der weiteren Rohrleitungen (Frisch-, Abdampf- und Speiseleitungen, Öl- und Entwässerungsleitungen), noch fehlender Tauschteile (restliche Bremsarmaturen, Manometer und Ölsperren), der restlichen äußeren und der gesamten inneren Steuerung, der Zug- und Stoßvorrichtung sowie der Aufbau der Bremse, der Heizung und der Beleuchtung an.

Die Aufarbeitung der Radsätze
Auch die Bearbeitung der Radsätze verläuft parallel zu den anderen Hauptbaugruppen. Nach den Ergebnissen der 1. Messung, der Besichtigung und der Ultraschallprüfung nach den vorher genannten Rechtsvorschriften folgt auch hier die Aufarbeitung. In der Regel geschieht eine Umrißbearbeitung der Radreifen unter Beachtung der Ur-/Werkgrenzmaße und -spiele laut Dienstvorschrift 946,

Bei der Aufarbeitung des Rahmens der Kühlungsborner 99 2322-8 werden am 9. Oktober 1990 verbrauchte und lose Nieten abgebrannt und später durch Schraubverbindungen ersetzt. Der Rahmen ruht auf Rollgestellen, kann also den Erfordernissen entsprechend auch auf andere Gleise verschoben werden. Foto: Bernd Seiler

da meistens das Werkgrenzmaß in der Spurkranzbreite von 19 mm erreicht ist. Beim Verlassen des RAW muß dagegen das Urmaß von 23 mm eingehalten werden. Das Betriebsgrenzmaß, bei dem die Lokomotive nicht mehr betrieben werden darf, ist auf 17 mm festgelegt. Wenn es die Radreifenstärke erlaubt, wird in solchen Fällen der Spurkranz durch Auftragsschweißung verbreitert, bevor die stets durchgeführte Neuprofilierung des Radreifens auf der Drehbank erfolgt. Ist jedoch die Radreifenstärke von ihrem Urmaß von 55 mm auf ein Werkgrenzmaß unter 28 mm abgefahren, muß ein neuer Radreifen aufgezogen werden. Dazu wird der Sprengring freigedreht, der Radreifen erwärmt und abgeschlagen. Der Unterreifen muß eventuell aufgeschweißt und überdreht werden. Parallel dazu würde der neue Radreifen bearbeitet (Drehen auf Breite, Paßsitz und Sprengringnut) und erwärmt auf den Unterreifen aufgezogen. Dann kann der Sprengring eingelegt und festgewalzt werden. Nach dem Erkalten erfolgt die weitere Bearbeitung wie beim Umrißdrehen.

In jedem Fall werden vor dieser Bearbeitung des Radreifenprofils auf der Drehbank die Schwingenkurbel abgebaut, die Treib- und Kuppelzapfen ausgepreßt, erneuert oder ebenso wie die Achsschenkel überdreht und geschliffen. Eventuell wird auch die Achswelle erneuert. Danach werden die Zapfen wieder eingepreßt, die Schwingenkurbel eingepaßt und der Radsatz auf dem Meßstand zur 2. Messung bereitgestellt. Die Meßblätter der 2. Messung bilden nicht nur eine wesentliche Grundlage für die weitere Aufarbeitung der Achslager, Treib- und Kuppelstangenlager und der äußeren Steuerung, sondern auch für die Erhaltung des Triebfahrzeugs in den Heimatdienststellen und sind deshalb, ebenso wie die Meßblätter für andere Bauteile, Bestandteil des Betriebsbuches.

Oben: In der Armaturenwerkstatt werden unter anderem Dampfpfeifen, Läutewerke, Kesselventile und Bremsarmaturen aufgearbeitet. Links wird gerade ein Speiseventil zusammengesetzt, rechts ein Doppelluftsauger vermessen. Bei diesem Bauteil zeichneten sich unlösbare Probleme ab, da viele Luftsauger wegen zu starkem Verschleiß nicht aufzuarbeiten, Ersatzteile aber nicht mehr zu bekommen waren. Trotz der Umrüstung einzelner Strecken auf das Druckluftbremssystem (Harz bis 1989, Freital-Hainsberg bis 1990) war die Abstellung der ersten Lokomotiven aufgrund des fehlenden Saugers abzusehen. So entschloß man sich zum aufwendigen Neubau des Urmodells für den Luftsauger, dessen erster Abguß, mit dem Vermerk „Nr. 1 10/1990" gekennzeichnet, hier präsentiert wird. Fotos vom 2. Januar 1990: Georg Wagner

Rechte Seite: Radsätze aller drei Spurweiten sind am 9. Oktober 1990 in Görlitz vereint: Vorn 750-mm-Radsätze einer VII k, links vier Achsen der 900-mm-Lok 99 2322-8, im Hintergrund der Satz einer 1000-mm-99.2 aus dem Harz. Foto: Georg Wagner

Die Endmontage, Prüfung und Abnahme der Lokomotive

Nach dem hier geschilderten Aufbau der wesentlichen Bauteile und deren Aufarbeitung bzw. Erneuerung in den sogenannten Zubringerbrigaden wird das Triebfahrzeug auf das Hebewerk gefahren. Nach dem Ansetzen, bei dem die Lok an den Pufferbohlen der Drehgestelle auf die Traversen des Hubwerkes gesetzt wird, erfolgt der Einbau von Federung und Ausgleich, der Bremswellen und der Bremsgehänge. Danach wird das Fahrzeug angehoben. Nun können die Radsätze daruntergerollt und eingefahren werden. Nach der Befestigung der Achsstellkeile und Achsgabelstege erfolgt die Messung des Radsatzstichmaßes. Anschließend werden die restlichen Teile der mechanischen Bremse eingebaut und Luftbehälter, Bremszylinder und die Treib- und Kuppelstangen montiert. Zuletzt folgt die endgültige Fertigstellung und Montage einzelner Baugruppen wie der Saugluftbremse der Bauart Körting oder der Heberlein-Seilzugbremse, der Handbremse, den Speise- und Signaleinrichtungen, der Heizung, Beleuchtung, Ölung und Entwässerung sowie der gesamten Aufbauten mit Türen, Fenstern, Tritten, Griffen, Klappen und Werkzeugkästen.

Danach wird die Lok von der Endprüfung durch einen schriftlichen Auftrag des Schichtleiters übernommen. Nach der Steuerungsprüfung und der Abstellung aller Nacharbeiten, der Kontrolle der Funktionstüchtigkeit der Sicherheits-, Speise-, Brems- und Signaleinrichtungen wird die Lokomotive durch die Endprüfung zum Anheizen freigegeben. Eine weitere Prüfung und Kontrolle der genannten Einrichtungen durch die Arbeitsprüfer, Probefahrtschlosser und weitere Fachkräfte an der unter Dampf stehenden Lokomotive schließt sich an. Jetzt können auch alle wasser-, dampf- und luftführenden Rohrleitungen und Bauteile, die Zentralschmierung, Heizung und Beleuchtung zur Freigabe für die Leerprobefahrt überprüft werden.

Bei abgefahrenen Radreifen wird zunächst der Sprengring ausgedreht, danach der Reifen erwärmt (Foto links) und abgeschlagen. Nach dem warmen Aufziehen der neuen Bandagen werden die Räder auf der Radsatzdrehbank neu profiliert. Dabei erfolgt die Grundeinstellung der Drehbank zunächst von Hand (Foto rechts). Im weiteren Verlauf übernimmt dann eine Schablone die Führung des Drehstahls entsprechend dem gewünschen Radreifenprofil. Fotos vom 2. Januar 1991: Georg Wagner

Bei der von den Mitarbeitern der Triebfahrzeugabnahme durchgeführten Probefahrt wird die Lokomotive auf einem etwa 800 Meter langen Gleisstück mit voll ausgelegter Steuerung etwa zwanzig mal hin- und hergefahren, zum Teil mit angelegter Bremse, um Belastung zu simulieren. Die anschließende Lagerstellenprüfung zeigt, ob einzelne Lager warm werden und somit der Nacharbeit bedürfen. Das Standprüfverfahren, bei dem die Lokomotive mit Keilen vor den Rädern festgelegt wird, um dann mittels ausgekuppeltem, von Hand bewegtem Lenkerhebel den Dampf über die Schieber abwechselnd auf die eine oder andere Kolbenseite strömen zu lassen, ist sehr hilfreich bei der Aufdeckung zu großer Spiele in Stangen- und Achslagern. Weitere Funktionsprüfungen betreffen die Dampfzylinder, die Speiseeinrichtungen, die Bremse, die Wasserstände, den Schlammabscheider und die Sicherheitsventile, die auf den zulässigen Kesseldruck eingestellt werden müssen. Wichtig für die Leistung der Lokomotive ist auch die Überprüfung des richtig ausgeloteten Blaskopfes des Abdampf-Standrohres. Der in die Rauchkammer geblasene Dampf muß exakt die Schornsteinöffnung treffen und so den erzeugten Unterdruck in der Rauchkammer gegen das Eindringen „falscher" Luft schützen. Ohne diesen Unterdruck gelingt das Ansaugen der Verbrennungsluft in die Feuerbüchse nicht optimal, so daß die Kesselleistung geringer wird. Zum Schluß wird die Steuerungsprüfung vorgenommen und, falls erforderlich, nach Gehör justiert. Gelegentliche Kontrollen der akustischen Einstellung mit dem Indiziergerät, das die gleichmäßige Füllung der Zylinder in jeder Arbeitsphase mißt, ergaben keine nennenswerten Abweichungen, so daß auf das Indizieren meist verzichtet wird. Nach der Probefahrt werden die festgestellten

Links: Stellvertretend für die vielen Arbeitsgänge bei der Montage der Lokomotive sei hier das Einfahren der Radsätze bei der 99 7247-2 am 9. Oktober 1990 gezeigt. Die vormontierten Radsätze werden unter die Lokomotive gerollt. Bis auf die spurkranzlose Treibachse gelingt das völlig problemlos und schnell, doch diese muß gleich von drei Arbeitern geführt werden, um einen verhängnisvollen Sturz in die Grube zu vermeiden. Foto: Georg Wagner
Rechte Seite: Für die Probefahrt der 900-mm-Lokomotiven steht im RAW Görlitz nur ein kurzes Gleis zur Verfügung. Hier erfolgt am 14. November 1990 das Einstellen der Sicherheitsventile an der Lok 99 2322-8. Foto: Bernd Seiler

Mängel beseitigt. Die Lokomotive wird gereinigt und der Lackanstrich sowie die Beschriftung durchgeführt. Eine Nachreinigung, im Winterhalbjahr auch eine Entlüftung, Entwässerung und Konservierung bestimmter Bauteile beschließen die in der Regel drei- bis vierwöchige Aufarbeitung vor dem Verladen des Triebfahrzeuges auf einem Spezialtransportwagen zur Übergabe und Lastprobefahrt in der Heimatdienststelle.

An dieser Stelle ist es an der Zeit, auch einmal anerkennende Worte für alle Facharbeiter der unterschiedlichsten Berufe und für das ingenieurtechnische Personal des RAW Görlitz zu finden, die es in den nun über 40 Jahren des Bestehens des RAW immer wieder und immer noch verstehen, die reichlich 80 Schmalspurdampflokomotiven von dreizehn verschiedenen Baureihen mit einem Alter zwischen 30 und 90 Jahren zu erhalten. Das ist um so anerkennenswerter, wenn man weiß, daß nur zum Teil technische Dokumentationen, manchmal angelehnte Vorschriften bestehen und aus ökonomischen Überlegungen mitunter keine Modelle, Schmiedegesenke und Vorrichtungen mehr gefertigt werden. Besonderheiten der Schmalspur, wie der Erhalt nicht standardisierter Bauteile, die Einzelanfertigung bei Einzelgängern, fehlende Platzfreiheit, starker Verschleiß, Verwindungen der Rahmen und das Alter der Fahrzeuge fordern hohe handwerkliche Fähigkeiten. Die ganze Erfahrung, das Engagement und der Ideenreichtum aller Beschäftigten des RAW Görlitz sind notwendig, damit unsere geliebten Schmalspurdampflokomotiven mit ihren Zügen auch weiterhin fahren können!

Anhang: Die Schmalspur-Dampflokomotiven

Die Liste enthält alle am 1. Januar 1991 im Bestand der DR geführten Schmalspur-Dampflokomotiven. In der Tabelle sind angegeben: **Alte Loknummer** (vor 1970), **derzeit gültige Nummer**, **Hersteller** (HAR = Hartmann, HEN = Henschel, JUN = Jung, KAR = Karlsruhe, KRU = Krupp, LKM = VEB Lokomotivbau „Karl Marx" Babelsberg, OK = Orenstein & Koppel, SCH = Schwartzkopff, VUL = Vulcan), **Baujahr, Fabriknummer, derzeitiger Einsatzort** (FH = Freital-Hainsberg, KÜ = Kühlungsborn, MÜ = Mügeln, OW = Oberwiesenthal, PU = Putbus, RA = Radebeul, WE = Wernigerode, ZI = Zittau), Bremssystem (D = Druckluftbremse, H = Heberlein-Seilzugbremse, S = Saugluftbremse Hardy oder Körting), **Bemerkungen**.

Lokomotiven mit 750 mm Spurweite:

Alt	Neu	Hersteller	Baujahr	Fab.Nr.	Ort	Bremse	Bem.
99 539	99 1539-8	HAR	1899	2381	RA	H/S	1)
99 542	99 1542-2	HAR	1899	2384	MÜ	S	
99 561	99 1561-2	HAR	1909	3214	RA	H/S	2)
99 562	99 1562-0	HAR	1909	3215	MÜ	S	
99 564	99 1564-6	HAR	1909	3217	MÜ	S	
99 566	99 1566-1	HAR	1909	3320	MÜ	S	3)
99 568	99 1568-7	HAR	1910	3450	MÜ	S	
99 574	99 1574-5	HAR	1912	3556	FH	H/S	4)
99 582	99 1582-8	HAR	1912	3593	MÜ	S	
99 584	99 1584-4	HAR	1912	3595	MÜ	S	
99 585	99 1585-1	HAR	1912	3597	MÜ	S	
99 586	99 1586-9	HAR	1913	3606	OW	S	4)
99 606	99 1606-5	HAR	1916	3907	FH	S	4)
99 608	99 1608-1	HAR	1921	4521	MÜ	H/S	
99 713	99 1713-9	HAR	1927	4670	RA	S	5)
99 731	99 1731-1	HAR	1928	4678	ZI	S	
99 734	99 1734-5	HAR	1928	4681	FH	D	
99 735	99 1735-2	HAR	1928	4682	ZI	S	
99 741	99 1741-0	HAR	1928	4691	ZI	S	6)
99 746	99 1746-9	SCH	1929	9535	FH	D	
99 747	99 1747-7	SCH	1929	9536	ZI	S	7)
99 749	99 1749-3	SCH	1929	9538	ZI	S	
99 750	99 1750-1	SCH	1929	9539	ZI	S	
99 757	99 1757-6	SCH	1933	10148	ZI	S	
99 758	99 1758-4	SCH	1933	10149	ZI	S	
99 759	99 1759-2	SCH	1933	10150	ZI	S	
99 760	99 1760-0	SCH	1933	10151	ZI	S	6)
99 761	99 1761-8	SCH	1933	10152	FH	D	
99 762	99 1762-6	SCH	1933	10153	FH	D	
99 771	99 1771-7	LKM	1952	32010	OW	S	8)
99 772	99 1772-5	LKM	1952	32011	OW	S	9)
99 773	99 1773-3	LKM	1952	32012	OW	S	10)
99 775	99 1775-8	LKM	1953	32014	FH	S	11)
99 776	99 1776-6	LKM	1953	32015	OW	S	
99 777	99 1777-4	LKM	1953	32016	FH	D	
99 778	99 1778-2	LKM	1953	32017	RA	S	11)
99 779	99 1779-0	LKM	1953	32018	RA	S	11)
99 780	99 1780-8	LKM	1953	32019	FH	D	
99 781	99 1781-6	LKM	1953	32022	OW	S	
99 782	99 1782-4	LKM	1953	32023	PU	D	12)
99 783	99 1783-2	LKM	1953	32024	FH	D	
99 784	99 1784-0	LKM	1953	32025	PU	D	
99 785	99 1785-7	LKM	1954	32026	OW	S	
99 786	99 1786-5	LKM	1954	32027	RA	S	13)
99 787	99 1787-3	LKM	1955	132028	FH	D	
99 788	99 1788-1	LKM	1955	132029	OW	S	
99 789	99 1789-9	LKM	1955	132030	FH	D	
99 790	99 1790-7	LKM	1955	132031	FH	S	
99 791	99 1791-5	LKM	1956	132032	RA	S	13)
99 793	99 1793-1	LKM	1956	132034	RA	S	
99 794	99 1794-9	LKM	1956	132035	RA	S	
99 4532	99 4532-0	OK	1924	10844	ZI	S	14)
99 4632	99 4632-8	VUL	1914	2951	PU	D	15)
99 4633	99 4633-6	VUL	1925	3851	PU	D	16)
99 4801	99 4801-9	HEN	1938	24367	PU	D	
99 4802	99 4802-7	HEN	1938	24368	PU	D	

Lokomotiven mit 900 mm Spurweite:

Alt	Neu	Hersteller	Baujahr	Fab.Nr.	Ort	Bremse	Bem.
99 321	99 2321-0	OK	1932	12400	KÜ	D	
99 322	99 2322-8	OK	1932	12401	KÜ	D	
99 323	99 2323-6	OK	1932	12402	KÜ	D	17)
99 331	99 2331-9	LKM	1951	30011	KÜ	D	
99 332	99 2332-7	LKM	1951	30013	KÜ	D	

Lokomotiven mit 1000 mm Spurweite:

Alt	Neu	Hersteller	Baujahr	Fab.Nr.	Ort	Bremse	Bem.
99 222	99 7222-5	SCH	1931	9921	WE	D	18)
99 231	99 7231-6	LKM	1954	134008	WE	D	
99 232	99 7232-4	LKM	1954	134009	WE	D	
99 233	99 7233-2	LKM	1954	134010	WE	D	
99 234	99 7234-0	LKM	1954	134011	WE	D	
99 235	99 7235-7	LKM	1954	134012	WE	D	
99 236	99 7236-5	LKM	1954	134013	WE	D	
99 237	99 7237-3	LKM	1954	134014	WE	D	
99 238	99 7238-1	LKM	1956	134015	WE	D	
99 239	99 7239-6	LKM	1956	134016	OW	D	
99 240	99 7240-7	LKM	1956	134017	WE	D	19)
99 241	99 7241-5	LKM	1956	134018	WE	D	
99 242	99 7242-3	LKM	1956	134019	WE	D	
99 243	99 7243-1	LKM	1956	134020	WE	D	
99 244	99 7244-9	LKM	1956	134021	WE	S/D	
99 245	99 7245-6	LKM	1956	134022	WE	D	
99 246	99 7246-4	LKM	1956	134023	WE	D	
99 247	99 7247-2	LKM	1956	134024	WE	D	20)
99 5901	99 5901-6	JUN	1897	258	WE	S	21)
99 5902	99 5902-4	JUN	1897	261	WE	S	13)
99 5903	99 5903-2	JUN	1898	345	WE	S	22)
99 5906	99 5906-5	KAR	1918	2052	WE	S	23)
99 6001	99 6001-4	KRU	1939	1875	WE	D	24)
99 6101	99 6101-2	HEN	1914	12879	WE	D	25)
99 6102	99 6102-0	HEN	1914	12880	WE	D	26)

1) Traditionslok, grüne Lackierung als „IV k 132"
2) Ersatzlok für Traditionszüge, schwarze Lackierung
3) z-gestellt, Aufarbeitung nicht vorgesehen
4) Reserve für Arbeitszüge bzw. Rangierdienst
5) Traditionslok, schwarze Lackierung, unter der alten Nummer im Einsatz
6) z-gestellt, Aufarbeitung mit neuer Feuerbüchse 1991 geplant
7) Aufarbeitung mit neuer Feuerbüchse 1991 geplant
8) Einbau eines neuen Rahmens 1992 geplant
9) Einbau eines neuen Rahmens und neuen Kessels sowie der Druckluftbremse 1991 geplant
10) Aufarbeitung mit Neubau-Rahmen und Neubau-Kessel sowie Einbau der Druckluftbremse 1991 geplant
11) z-gestellt, Aufarbeitung mit Neubau-Rahmen und Neubau-Kessel 1991 geplant
12) Einbau eines neuen Kessels 1991 geplant
13) Umbau auf Druckluftbremse 1991 geplant
14) z-gestellt, Aufarbeitung nicht vorgesehen, Kesselschaden
15) z-gestellt, Kessel- und Zylindererneuerung 1992 geplant, Fristverlängerung für 1991 möglich
16) z-gestellt, Kessel- und Zylindererneuerung 1992 geplant
17) Traditionslok, mit Computernummer im Einsatz
18) Aufarbeitung mit neuen Zylindern 1991 geplant
19) Umbau zur Erprobung der neuen Leichtöl-Feuerung 1991 geplant
20) Traditionslok, mit alter Nummer im Einsatz
21) z-gestellt, Aufarbeitung nicht vorgesehen, neue Feuerbüchse erforderlich
22) z-gestellt, Aufarbeitung als Traditionslok 1991 geplant
23) z-gestellt, Aufarbeitung nicht vorgesehen, Verkauf an Museumsbahn in Bruchhausen-Vilsen vorerst verhindert
24) Aufarbeitung als Traditionslok „NWE 21" mit grüner Lackierung 1991 geplant
25) Aufarbeitung nach Kesseluntersuchung 1992 geplant
26) z-gestellt, Aufarbeitung nicht vorgesehen, Verkauf an Museumsbahn vorerst verhindert

Rechte Seite: „Halt" zeigt das Einfahrsignal des Bahnhofs Mügeln am 7. Oktober 1990. Bleibt zu hoffen, daß diese Abendstimmung nicht die Zukunft der Schmalspurbahnen im Osten Deutschlands symbolisiert. Foto: Georg Wagner